U0336780

李玲 著

铅华洗尽后的真相
近代上海外侨俱乐部建筑

同济大学出版社
Tongji University Press

THE TRUTH AFTER
WASHING COSMETICS
A History of Modern
Shanghai Club Buildings

序 FOREWORD

李玲的《铅华洗尽后的真相：近代上海外侨俱乐部建筑》一书终于出版了。这是她在三年前完成的博士学位论文研究成果的基础上修改完成的，保持了丰富史料和学术品质，又增加了可读性。真为这本书的面世感到由衷的高兴。

自 1843 年开埠后的数十年里，外国侨民一批又一批来到上海，开启了这座城市租界扩张与现代化建设的进程。在华洋分居的藩篱被冲破后，中外力量在此共处、角逐和成长，不断推动城市的工商业发展，很快使上海从一个江南商埠发展成为一座国际化大都市，也培育了这座城市多元、包容的文化特质，其中西方文化的影响无疑是最广泛而深层的。因此，这近一百年的经历，以及那些人、事、物，构成了一部新奇又独特、错综而复杂的历史，持续引来社会史、经济史、政治史、文化史、城市史和建筑史等各领域学者的研究，并已成为海外汉学界公认的"显学"。这个学术园地的繁盛景观不仅来自不同学科的多维透视、多面解读，也来自各学科领域内部研究工作的不断深化与拓展，近代上海外侨俱乐部建筑就是在近代上海建筑史研究中的一个专题性的拓展研究。

从近代上海划分出的第一块租界起，形形色色的外侨从多个国度聚集到这座城市。他们或是在这个"冒险家的乐园"里追逐自己的淘金梦，或是来此寻找机会拓展宗教事业，传播现代教育。在这个过程中，他们自然会把各自文化中的生活和娱乐方式带入租界——所谓的"国中之国"。应该说，外侨们推动的城市化及其一轮又一轮的房屋建造，以及伴随而来的形形色色的外来建筑类型和风格样式的移植，既是他们商业活动和资本积累的直接成果，同时也是他们"再造故乡"以将自己与这片陌生土地相连接的过程，从而形成近代上海"万国建筑博览会"般的城市面貌。如果说居住建筑的丰富多样是这座城市体现"五方杂处""海纳百川"文化特性的最生动写照，那么，考察另一些外来建筑类型的移植和转化，特别是教堂与俱乐部，能让我们更恰当地透视近代外侨的社群结构和社交生活，并进一步认识他们是如何在这片飞地上重构社会与文化认同，又是如何通过建造活动反映出来的。相比教堂这一传统的社群活动场所，近代上海的外侨俱乐部更能反映外侨自身的文化独特性，也更能折射这座城市的时代特征性与复杂性。

在《铅华洗尽后的真相：近代上海外侨俱乐部建筑》一书中，有这样清晰的史实梳理：1850 年，当租界里的外国人刚刚超过 200 人时，近代上海的第一个外侨俱乐部——跑马总会就成立了。在那个历史时期，对于背景不同、身份各异的大多数侨民来说，在上海安顿下来后，考虑加入哪个俱乐部几乎是必做之事，甚至对于相当一部分外侨，每日生活中如果缺少了俱乐部的"打卡"已经是无法想象的了。本书中的研究内容还让我们惊讶地看到，俱乐部的组织和建造活动既基于民族、国家认同的框架，却也远远超越了这种关系，因为在"国中之国"还有"圈中之圈"由各种"小社会"形成的各种俱乐部，以至于近代上海大大小小的外侨俱乐部达到 200 余个，为俱乐部专门设计和建造的建筑达 30 多处，其中不少成为了上海的城市标志物，构筑出独特的街道与城市景观。无疑，外侨俱乐部的引入，其根本上是近代上海外来文化强势植入的一个侧影，它带来了全新的社交与娱乐、现代与奢华、共处与竞争、隔离与融合，是解读近代上海现代性特质不可或缺的一个重要环节。

本书的出版，为近代上海外侨俱乐部这一特殊建筑类型的专门性研究填补了空白。作者对近代上海外侨俱乐部建筑的整个发展历史进行轨迹梳理，追溯其渊源和发展的历史背景，通过初兴、发展并达到鼎盛，以及衰落三个阶段进行历史分析和论述，对每一处俱乐部及其建筑的相关历史、建造过程、空间特点、风格特征、技术设备、历史变迁以及内部承载的社会生活等做出全面呈现，以尽可能再现近代上海外侨俱乐部的历史原境。本书作者秉持了一名建筑历史研究者理应恪守的学术态度和作风，使本书图文并茂的同时，学术特色鲜明：一是尽可能全面。为描绘近代上海外侨俱乐部形成和建造活动的全景图，作者以很高的热情和很大的耐心，花费大量精力做史料搜寻、线索查找、现场考察和实物调研，最终挖掘出200多个外侨俱乐部、40座俱乐部建筑，以及14处现存的建筑遗存，并尽力还原它们的形成、建造和使用过程，为这一类型建筑建构了较完整的史料基础。二是尽可能真实。在研究过程中，作者始终保持严谨的史学态度，对于既有研究尽可能找到确凿的第一手史料加以佐证；对于每一座现存建筑，均亲历现场，并"触摸"到各个角落；对于已经消失的建筑，通过访谈、资料甄别、图文比对等工作进行排摸，还对不少被误读的"史实"做了修正。三是尽可能客观与开放。无论是外侨俱乐部的兴起、建造还是其发展阶段的划分，无论是针对这一特殊类型建筑的多样性和复杂性，还是它们与租界发展或城市化进程的互动关系，作者的阐述都有较宽阔的视角和立体的判断，这些丰富的追溯让我们有可能以更真实的历史认知去理解近代上海外侨俱乐部，并从中看到，它们既包含着一个时代殖民主义者的傲慢、炫耀与商业阴谋，但也不是简单的"艳俗之地"，而是为这座城市带来了礼仪、时尚、健康的文明生活方式，以及多姿多彩的娱乐空间和建筑艺术。

最后，还要提到本书一个显著特点——以"半绘本"形式达成的新颖的图文表达方式。为对现存俱乐部建筑的空间组织有更清晰、全面的表达，除了历史照片和历史图纸外，部分重点建筑根据史料绘制了完整的轴测图，并采用分层轴测图与室内历史场景照片相结合的方式进行深度展示，这有利于读者将建筑空间与对当时内部社交和娱乐活动的想象建立更直接的关联，形象生动而又不失严谨。

希望这本书为关注近代上海外侨俱乐部、关注近代上海城市与建筑史的读者带来新的收获，也衷心希望作者能保持对上海建筑史研究的热忱，继续投入到更加广阔、深入的研究中去，力争取得新的成果。

卢永毅

2019 年 12 月 1 日

目 录

CONTENTS

引　言

INTRODUCTION

在中国的许多沿海城市有一种被称作"殖民建筑"的群体，它们独特的样貌与形制背后背负着一段沉重的中国近代史，上海俱乐部建筑也在其中。1842 年，腐败、怯懦的清政府与挑起鸦片战争的英国人签订了中国近代史上屈辱的《中英江宁条约》（即《南京条约》）。1843 年，作为《中英江宁条约》重要款项中对外"通商五口岸"之一的上海开埠，这个普通、安宁的沿海小村镇一夜之间变成喧嚣、繁忙的贸易港口，而其优越的地理位置，吸引了越来越多的"淘金者"。只用了短短几年，上海一跃成为当时全国最大的贸易港口。随着英、美、法等资本主义列强势力的接连侵入，国家主权一再遭受损害，而在中国沦为半殖民地半封建社会的同时，当年的小村镇在"被国际化"的路上快速前进。

资源掠夺、商品倾销裹挟着西方都市的时空观念、城市规划观念、娱乐观念等泥沙俱下地涌入上海滩。纷至沓来的外国淘金者们为了其势力范围的确立与维护，也为了更安心、更舒适、更有效地在上海长期工作和生活，纷纷按照母国的文化习惯和生活方式"再造故乡"：公共租界变成了"小伦敦""小纽约"，法租界变成了"东方巴黎"，霞飞路（Avenue Joffre，今淮海中路）一带被称为"东方圣彼得堡"，而今虹口吴淞路一带则被称为"小东京"。近代上海被一个又一个"国中之国"[1]"圈中之圈"[2]打造成一座光怪陆离的国际大都市。正因如此，上海见证了大大小小的 200 多个俱乐部（club）的兴衰历程。

《不列颠百科全书》（*The New Encyclopaedia Britannica*）对"club"的解释是："club，一种重棍（heavy stick），其头部有时会镶嵌石头或金属，是一种用来手持或投掷的武器。通常其头部的形状比柄部更宽，分量也更重。在原始社会中，不同的部落拥有不同特色的重棍[3]，也就是说，它曾是部落的武器与标志。

"club"在《牛津英汉双解词典》中的首要含义为"棍棒""高尔夫球棒"，其后，还有"社团""俱乐部""印有黑梅花的纸牌"等释义。和平时代，当作战转化为竞技运动时，"club"也随之演变成各色体育运动队或体育组织的指代，而"club"进一步演变成以"俱乐部"为代表的社交、娱乐文化则起源于 17 世纪末的英国。

所谓"俱乐部"（club），既不是政治团体，也不是经济机构，而是特定人群聚集在一起进行社交、娱乐等活动而形成的一种社会团体，也常用于指代其活动的场所。"俱乐部"较严格的释义是：具有地缘关系、业缘关系，或具有某种相同兴

---

1. 指在一个主权国家的土地上存在着另一个主权国家可行使权利的"飞地"，即公共租界和法租界。
2. 指生活在租界地，由来自不同国度的外国侨民组成的不同性质的各色社交圈。俱乐部组织或团体是社交圈中的一种。
3. 译自 Encyclopædia Britannica, Inc. The New Encyclopaedia Britannica. International Copyright Union, 1980.

趣的人组织形成开展社会交际、文化娱乐、体育竞技等活动的团体或场所，其根本目的是促进交流，从而获得团体内成员的自我满足和身份认同。俱乐部有共同制定和遵守的规则，会员在资源互助互惠的基础上自主参加，并拥有相应的权利和义务。

这里需要特别指出的是，中文"俱乐部"来源于日语对"club"的译音，20 世纪初才逐渐在国内使用，之前，国内一直以"总会""会"来指代"club"。

俱乐部是舶来品

17 世纪末，英国有权势和财富的上层人士为了方便会晤和信息交流组建俱乐部，最初活动于餐厅、酒馆、咖啡屋里一些被专门分隔出的空间中。随着俱乐部规模扩大，逐渐出现整个酒馆或餐厅被包租的情况。早期的俱乐部活动以进餐和交谈为主，会员们在饭桌上交流政治、体育、文化、生活等各种新闻信息和看法。俱乐部成员的入会筛选非常严格，需要得到原有成员的全票通过，并且只对男性开放。

俱乐部除定期组织社交、餐饮活动外，还向会员提供银行保险等日常事务的接洽与服务。因为方便，标准的英国绅士也总乐于在自己的俱乐部里完成这些事情，就连写信、写短笺，他们也都尽量使用所在俱乐部的专用纸张，他们认为这样才显得正统、得体。在传统的英国俱乐部中，英国绅士良好的教养、优雅的风度，以及对生活的脱俗品位都可以得到充分展现。在当时的英国社会中，一个人拥有多少知名俱乐部的会员资格是此人社会地位高低的认定标准之一。

1720 年，英国已经拥有数量庞大的俱乐部社团，甚至出现了乡村俱乐部。乔治三世期间（1738—1820），伦敦已经拥有数千个俱乐部社团，并且迅速向外滋生。18 世纪后期，俱乐部或类似俱乐部的社团大量出现在苏格兰、南美洲，甚至传播到加尔各答（Kolkata）、加拿大新斯科舍（Nova Scotia）和安提瓜岛（Antigua），以及葡萄牙和亚速尔群岛（Azores）。1740 年，英国学生在瑞士的日内瓦建立了"Common Room"俱乐部，同年，英国传教士在巴黎建立了法国第一个俱乐部社团，而在 18 世纪最后的 10 年中，俱乐部在美国也爆炸式发展。1800 年，俱乐部的数量在英语国家中已达到 25 000 个，类型达到 130 多种，主要包括校友俱乐部、艺术俱乐部、读书俱乐部、辩论俱乐部、赌博俱乐部、园艺俱乐部、文学俱乐部、音乐俱乐部、种族俱乐部、科学研究俱乐部、体育俱乐部，等等 [4]。

4.James M. Mayo. The American Country Club: Its Origins and Development. New Brunswick,New Jersey: Rutgers University Press, 1998.

发展成熟的俱乐部社团一般由相关董事会管理，包括制定俱乐部章程与日常守则，组办其辖下的多个不同职能的委员会，如入会委员会、图书馆委员会、活动委员会等。这样做不仅有利于合理规划俱乐部的活动，还有利于保护俱乐部的正常经济运作。

由于设在酒馆、咖啡屋等直接与商业经营活动相结合的俱乐部的规模受到限制，为了迎合不断壮大的社团队伍，俱乐部组织会租用活动场所，通常是一处被改造过的宅邸或别墅。与商业建筑相比，宅邸或别墅是一个更为理想的选择：首先，它们对大部分俱乐部社团的活动来说，空间大小适度；其次，租用价格相对经济；再次，这种类型的建筑较易拥有可以体现上流阶层社会地位的美学特性。

18 世纪后期，英国出现专资建造的俱乐部建筑；19 世纪，俱乐部建筑的建造数量大幅度攀升，该时期英国的俱乐部建筑大多为"乔治亚风格"[5]，其富丽堂皇的程度昭示着俱乐部的社会地位。

俱乐部建筑不论是新建或是改建，一般都坐拥优越的地理位置——市中心周边地段，而接待区、餐厅、吧台、图书馆、休息厅、娱乐室、厨房等通常是大部分俱乐部场所的标配。此外，俱乐部社团的性质将会决定建筑中其他一些特有的功能设置，如桌球房、保龄球房，以及 19 世纪后半叶开始出现在网球俱乐部建筑中的壁球室和网球场等。

上海开埠，俱乐部文化作为舶来品首次登陆中国。之前以及同时期的国内其他地区从没有"俱乐部"这种社团组织，也不存在与俱乐部活动相关的专有建筑类型。虽然传统的会馆、公所和俱乐部组织有一些相似之处；但是，从俱乐部内部承载的活动内容来看，二者差别很大。上海的俱乐部社团与相关建筑是英国俱乐部文化在世界传播的产物，虽然传入中国的时间稍晚，但其发展速度并不缓慢。1879 年，与美国出现第一个乡村俱乐部同步[6]，英国侨民成立了上海的第一个乡村俱乐部——斜桥总会（Country Club）。上海早期的俱乐部建筑由来沪的英国侨民建造，而且，无论是俱乐部社团的组织形式，还是相关建筑的功能设施，甚或章程与制度都直接从英国俱乐部照搬。

建筑是社会生活与社会文化的缩影。从开埠的契机造就 1850 年第一个外侨俱乐部——上海跑马总会（Shanghai Race Club）的建立到 1955 年 12 月最后一个外侨

---

5. 指 1714—1811 年流行于欧洲但主要在英国的一种建筑风格，因正值乔治一世至乔治四世统治时期而得名。"乔治亚风格"的建筑秉承帕拉第奥推演的古典建筑比例，正立面常设有古典主义门廊，坡屋顶，装饰兼具巴洛克与洛可可风格。

6.James M. Mayo. The American Country Club: Its Origins and Development. New Brunswick, New Jersey: Rutgers University Press, 1998.

俱乐部——犹太总会（Shanghai Jewish Club）关闭是持续一个多世纪的俱乐部（建筑）兴衰史。除通常情况下租借场地搞活动外，沪上有近 30 个俱乐部社团建造了自己的专属建筑，多个俱乐部社团买入花园别墅进行改造后作为活动场地。俱乐部建筑为我们认识和研究 19 世纪上海独特的娱乐建筑文化与城市文化提供了重要的第一手资料。

沪上俱乐部的起始点

1843 年 10 月，在签订《南京条约》的第二年，中英订立《五口通商附粘善后条款》（即《虎门条约》），其中规定了英国人在中国殖民地租建房屋诸事宜[7]。同年 11 月 14 日，英国首任驻上海领事巴富尔（George Balfour）发出通告，宣布上海于 11 月 17 日正式开埠。1844 年，美国与法国效法英国，与中国签订《中美望厦条约》《中法黄埔条约》，获得了与英国相似的在华特权。在这些条约的保护下，西方各国冒险家、淘金者怀揣发财梦蜂拥而至。据统计，1843—1949 年一百多年时间里，入驻上海的外侨国籍和民族最多的时候达到 58 个。

1843 年，最先入驻上海的英国人共 26 名，除了领事馆官员和传教士外，还包括 11 名商人。1844 年，入驻上海的英国人增加到 50 名，1845 年增加到 79 名。纷至沓来的英国淘金者不仅将板球、划船、赛马等体育娱乐活动带进了上海，也随之带进了当时英国流行的俱乐部文化。1850 年，沪上第一个跑马场的建设催生了近代上海第一个外侨俱乐部——跑马总会的建立。之后数十年里，随着英国侨民数的增多，多个俱乐部社团——划船总会、上海总会、板球总会、飘艇总会等接踵兴起。

1845 年 11 月 29 日，《上海土地章程》（*Shanghai Land Regulations*）的签署意味着英租界的确立，其范围被划定在"以黄浦江为界，洋泾浜以北，李家厂以南"[8]，总占地面积约 830 亩（约 553 336.1 平方米）。该章程将外国人租地范围、租地办法、租地界内市政管理方法及界内"华洋分居"等原则都做了详细规定，成为上海设立外国租界的法律依据。另外，根据《上海土地章程》，外国人在租界内建设住宅、仓库、教堂、医院、学校、娱乐场所等行为被合法化。

虽然《上海土地章程》明文规定了外国人在租界内租地建屋的各种事项，但仍无法阻止越界租地的恶行发生。1848 年 1 月，几个英国侨民以每亩 83 千文制钱（约合 55 两银）的低价"永租"下今南京东路北面、河南中路偏西的约 81 亩（约

7. 王铁崖 . 中外旧约章汇编（第一册）. 北京 : 生活·读书·新知三联书店 , 1982.
8.《上海土地章程》当时并未规定西界，一年后才确定西界为"界路"（今河南南路）。

54 000.3 平方米）土地。这 81 亩土地不仅超越当时划定的租界范围，而且占地面积也远远超出《上海土地章程》规定的限额。1848 年 11 月，英租界全面扩张成功：西界被推广至泥城浜（今西藏中路），北界延伸至吴淞江（今苏州河）。租界总面积较之前扩大了三倍多，达 2820 亩（约 1 880 009.4 平方米），而那块低价永租的 81 亩土地也被顺理成章地划进了英租界的管辖。

1850 年，那块 81 亩土地被转卖到威廉·霍格（Willian Hogg）[9] 等几个洋行大班手中，他们合伙建设了上海第一个跑马场 (Race Course)，并就此成立了近代第一个外侨俱乐部——上海跑马总会（Shanghai Race Club）。跑马场规模不大，南面出口处修筑了一条东西向的路通往外滩。由于跑马场中间是一个花园（Park），这条东西向的路因此被称作"花园弄"(Park Lane)，就是今天的南京东路，而这个跑马场也习惯性地被上海人称作"老公园"。

沪上最早的赛马会就在这个跑马场中上演。全天比赛共有 7 个项目，最多时有 7 匹马参加比赛。由于场地有限，须经三次预赛后方能进入决赛，这让跑马总会的组织者威廉·霍格等人一直耿耿于怀。1853 年，上海小刀会起事，原住在上海县城内的地主豪绅、买办等为避乱纷纷迁入租界，致使租界内人口激增，地价高涨。1854 年，跑马总会高价卖掉这个跑马场，继续采用圈占和低价租购的手段得到了英租界西侧今湖北路、北海路、西藏中路一带的一块土地，建成沪上第二个跑马场，上海人称之为"新公园"。除举办赛马外，其赛道中心的运动场还开展板球运动，并于 1857 年成立了上海板球总会（Shanghai Cricket Club），定期在此举办板球比赛。

俱乐部社团日常的活动经费主要来源于会员的会费，但如果想要建造自己的俱乐部建筑，所需的庞大资金则不是会费能解决的。大资金一般有三个来源：一是富豪的资助；二是发行股票、债券，调动社会力量和民间资本来募集资金；三是贷款，或向基金会寻求资助。

1860 年 11 月 15 日，四名英国人——安特·罗伯斯（Robert C. Autrobus,1864 年被选为工部局董事）、詹姆斯·怀提欧（James Whittall）、阿尔伯特·赫德（Albert Heard，美商，船东，琼记公司创办人）、亨利·颠地（Henry W. Dent）联合发布公告，宣布他们已购得跑马场中央的 34.5 亩（23 000.1 平方米）土地，希望招股筹措资金，用于新运动设施的建设。此事得到了 51 名侨民的响应[10]。1861 年 4 月 1 日，认购人在林赛洋行举行会议，成立"上海运动事业基金会"（Shanghai Recreation Fund），正式将这块地皮购入基金会名下，供一般的消遣活动之用，并规定"除

9. 鳞瑞洋行的大班，以贩卖鸦片起家。
10.History of the Shanghai Recreation Fund. Social Shanghai, 1906（2）.

非股东一致同意"，不得另做他用 [11]。

新公园持续经营了约 8 年之久。1863 年前后，由于地价暴涨，运动事业基金会与跑马总会商议决定将跑马场和公共运动场（中央花园处）分割出售，为此，基金会营利达 49 425 两银。以颠地为首的几位大股东提出不分配红利，将原有投资按原价返还，盈余则归运动事业基金董事会统一管理，专门投资上海的公共娱乐事业。这项决定不仅为之后上海多家俱乐部社团的成立提供了必要的资金支持，而且为俱乐部建筑在上海的建设和发展起到重大作用。

1863 年，跑马场第二次西迁（图 1）。新的跑马场在今南京西路、黄陂北路、武胜路和西藏中路围合的区域内落成，占地面积 500 余亩（约 333 335 平方米），气势宏大，史称"远东最大跑马场"，又称"跑马厅"。跑马厅由三部分构成：第一部分为环形赛马道，全长近 2 公里，填以沙土，其上种植草皮，四周环绕栏杆；第二部分为马道外的各类建筑及设施，包括跑马总会会所（图 2）、看台、马棚以

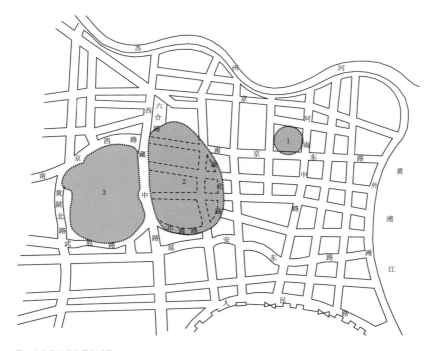

图 1 上海跑马场位置变迁图
（1）1850 年跑马场位置 （2）1854 年跑马场位置 （3）1863 年跑马场位置
图片来源：余诗菁绘制，参考：常青．大都会从这里开始．上海：同济大学出版社，2005.

11. 夏伯铭．上海 1908．上海：复旦大学出版社，2011.

及马夫住处;第三部分是马道内的 430 亩(286 668.1 平方米)土地,同样被运动事业基金会买入后修建成公共运动场,租借给各个俱乐部使用。

跑马总会作为建立的首个外侨俱乐部社团,开启了沪上俱乐部一个多世纪发展的历程。根据字林洋行出版的《字林西报行名录》(The North China Desk Hong List, 1872—1941)记载,1900 年之前,上海外侨俱乐部的数量基本维持在 20 个以内,甚至更少。1900 年之后,沪上俱乐部呈现明显加速扩展之势:1910 年 31 个,1920 年达到 53 个。1925 年起,除正规俱乐部外还出现了许多与俱乐部活动相关的协会组织,总数量达到 111 个,1927 年达到 181 个,之后增速减缓,但仍于 1934 年突破 200 个,1937 年达到俱乐部与相关协会组织发展繁荣的顶峰,共计 249 个。1941 年之后,由于战争的原因,上海外侨娱乐组织的数量开始减少(图 3)。

图 2 1863 年建造的跑马总会会所
图片来源:http://dl.eastday.com/index_1.htm.

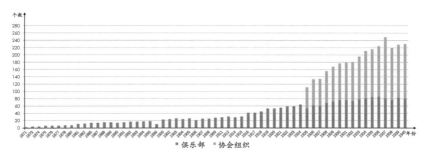

图 3 由《字林西报行名录》统计的俱乐部及其相关协会组织数量发展图
图片来源:余诗菁绘制

第 1 章 起 步
1850—1900 年

CHAPTER 1 INITIAL
STAGE, 1850-1900

1853 年，上海小刀会起事，致使原住在县城内的地主豪绅、买办等为避乱纷纷迁入租界，造成租界内人口激增，随即"华洋共处"局面形成。伴随第二次鸦片战争（1856—1860 年）更多丧权辱国不平等条约的签订，外国强权势力向中国更大领土范围入侵，上海外侨人数也随之快速上升（表 1）。

1865 年，上海对外贸易的结构发生了重大变化，国内贸易额仅占城市贸易总量的 17%，而外贸额迅速扩大，比例急剧上升至 83%。上海成为中国对外贸易的中心[1]。对外贸易活动疯狂扩张，1876 年，上海洋行数量从最初的 11 家迅速增至 200 余家，19 世纪末，洋行的数量更是达到了 300 多家，而此时，沪上外侨数量则超过 6000 人。

外侨人口数量与俱乐部数量之间存在着必然的关联。英国人进入上海时间早、人数多，以洋行老板、大班、富商、领事馆官员、工程师等为代表的中高阶层力量最雄厚，建立的俱乐部数量自然也最多，从而成为近代上海外侨社会的"霸主"。"霸主"不仅体现在绝对人数上，而且体现在其经济地位和社会地位上，同时体现在俱乐部这个具有地缘性和阶层性的组织中。毕竟，俱乐部的生活是社交、娱乐和享受，经济的发展、财富的多少是俱乐部得以成立和发展的物质保证。

19 世纪下半叶，目前能在《字林西报行名录》（*The North China Desk Hong List*）或《字林西报》（*North-China Daily News*）中找到确切史料记录的上海外侨俱乐部团体一共 26 个，大多数都是由英国人建立的。俱乐部类型多样，除了跑马、划船、球类等运动型俱乐部外，还涉及社交娱乐、宗教信仰、艺术爱好等方面。其中包括 6 家地缘性社交娱乐型俱乐部：上海总会（Shanghai Club）、德国康科迪亚总会（Concordia Club）、葡萄牙大西洋国总会（Portuguez Club）、葡侨娱乐总会（Club de Recreio）、意大利倍林总会（Club del Balin）、法国运动总会（French Club Sportif）[2]，以及 2 家业缘性社交娱乐型俱乐部：海关总会（Custom's Club）和美国海军总会（U.S.Naval Club）。在另外 16 家运动与爱好型俱乐部中，爱美剧社 (Shanghai Amateur Dramatic Club) 以戏剧爱好人士的抱团活动而著称。此外，斜桥总会（Country Club）是一家典型的乡村俱乐部，而共济会俱乐部（Masonic Club）则具有鲜明的泛宗教性质。

运动与爱好型俱乐部之所以占据上海外侨俱乐部的大半壁江山，其原因大致有两个：一是在早期的上海外侨社会中男性占大多数。比如法租界中，1875 年，每 100 名法国侨民中只有 9 名妇女[3]；1876 年，每 74 名法国男士中有 56 名是单身汉；

1. 陈正书. 租界与近代上海经济结构的变化. 史林，1988（4）.
2. "法国总会"在《字林西报》及《字林西报行名录》中均未找到相关记录，在本章结尾"其他"部分呈现。
3. 乐正. 近代上海人社会心态 (1860 –1910). 上海：上海人民出版社，1991.

表 1 1865—1935 年上海公共租界外侨国籍统计表 [4]（单位：人）

年份 \ 国籍	英国	美国	日本	法国	德国	俄国	印度	葡萄牙	意大利	奥国	丹麦	瑞典	挪威	瑞士	比利时	荷兰	西班牙	希腊	波兰	捷克	罗马尼亚	其他	合计
1865	1372	378		28	175	4		115	15	4	13	27	4	22		27	100	7				6	2297
1870	894	255	7	16	138	3		104	5	7	9	8	3	7	1	5	46	3				155	1666
1875	892	181	45	22	129	4		168	3	7	35	11	4	10	3	5	103	2				49	1673
1880	1057	230	168	41	159	3	4	285	9	31	32	12	10	13	1	5	76	4				57	2197
1885	1453	274	595	66	216	5	58	457	31	44	51	27	9	17	7	21	232	9				101	3673
1890	1574	323	386	114	244	7	89	564	22	38	69	28	23	22	6	26	229	5				52	3821
1895	1936	328	250	138	314	28	119	731	83	39	86	46	35	16	21	15	154	7				338	4684
1900	2691	562	736	176	525	47	296	978	60	83	76	63	45	37	22	40	111	6				220	6774
1905	3713	991	2157	393	785	354	568	1331	148	158	121	80	93	80	48	58	146	32			12	229	11497
1910	4465	940	3361	330	811	317	804	1495	124	102	113	72	86	69	31	52	140	36			15	173	13536
1915	4822	1307	7169	244	1155	361	1009	1323	114	123	145	73	82	79	18	55	181	41			16	202	18519
1920	5341	1264	10215	244	280	1266	1954	1301	171	80	175	78	96	89	30	73	186	73	82	65	47	197	23307
1925	5879	1942	13804	282	776	1766	2154	1391	196	41	176	63	99	131	34	92	185	138	198	123	69	458	29997
1930	6221	1608	18478	198	833	3487	1842	1332	197	88	186	87	104	125	27	82	148	121	187	100	54	966	36471
1935	6595	2017	20242	212	1103	3017	2341	1020	212	86	207	103	96	99	29	67	144	99	152	112	28	934	38915

4. 按照：邹依仁《旧上海人口变迁的研究》,上海：上海人民出版社,1980,表56内容重新绘制。

1877 年，每 81 名法国男士中有 67 名单身汉[5]。公共租界的情况稍稍好些，1880 年，公共租界有男性 1171 人，女性 502 人；1890 年，男性 1811 人，女性 979 人[6]。男性，尤其是单身男性居多的情况下，运动和聚会自然成为打发闲暇时间的首选。二是因为早期进驻上海的侨民多为崇尚运动的英国人，他们历来认为运动是培养"绅士"必备品格的有效手段。

此时期建立的运动与爱好型俱乐部共计 16 个。在跑马厅的公共运动场内，相继成立的有：上海板球总会（Shanghai Cricket Club，也称作"上海拍球总会""上海抛球总会"）、游泳总会（Swimming Bath Club）、上海高尔夫总会（Shanghai Golf Club）（图 1）、上海体育总会（Shanghai Recreation Club），等等。1860 年前后，上海划船总会（Shanghai Rowing Club）建立。1863 年，上海猎纸赛马总会（Shanghai Paper Hunt Club，也称作"上海撒纸赛马总会"）建立，这是一个国际性的俱乐部组织，成员资格向任何养得起一匹马的人开放，只需支付 5 元的入会费和每匹马 1 元的注册费（图 2）。1870 年前后，上海飘艇总会（Shanghai Yacht Club）和上海帆

图 1　建于 1898 年的上海高尔夫总会会所
图片来源：上海图书馆. 老上海：体坛回眸卷. 上海：上海文化出版社，2010.

图 2　猎纸赛马盛况（具体时间不详）
图片来源：同上

5. 吴桂龙. 论晚清上海外侨人口的变迁. 史林，1998（4）.
6. 乐正. 近代上海人社会心态（1860－1910）. 上海：上海人民出版社，1991.

船总会（Shanghai Sailing Club）建立，同时期建立的与射击运动相关的俱乐部：在公共租界的麦根路（Markham Road，今石门二路北段康定东路附近）射击场进行训练和比赛的上海射击总会（Shanghai Gun Club），以及在虹口美租界北边的靶子路（Avenue Range，今武进路）一带进行训练和比赛的上海洋枪打靶会（Shanghai Rifle Club）。

上海总会（Shanghai Club）

上海总会的建设于 1852 年开始筹备，后因资金问题搁浅。1862 年，在对华鸦片贸易和军火贸易中大发横财的英国商人组建总会委员会，收购外滩 3 号约 2333 平方米的土地（即今中山东一路 2 号）作为总会的永久会址。他们向上海运动事业基金会借款 33 900 两银，以解决建造资金问题[7]。1863 年，上海总会会所破土动工，1864 年，会所竣工并正式对外开放。

上海总会会所是一座典型的带有东印度风格的外廊式砖木结构建筑，主入口需由街道攀登几级台阶方能进入（图 3），这是因为为适应上海淤泥地基的建造状况，传统的外滩建筑皆建在木桩承台之上，因而形成建筑高大的基座。高大基座使建筑显得更加庄重气派，同时也形成内部环境与街道间的过渡（图 4）。建筑共 3 层，每层都设有柱或券柱式外廊，美丽的廊檐最大限度地拥揽着黄浦江上的无限风光。大楼外墙用红砖镶砌，风格古朴典雅。正立面朝东面对黄浦江，共 9 开间，对称"三段式"，中部 3 开间稍微向外突出，且面宽稍大，顶部为山花造型，形成视觉的中心（图 5）。

上海总会会所内部设有 2 间大餐厅、2 间小餐厅、3 间弹子房、3 间棋牌室，还设有图书室、阅览室、酒吧间和 1 个牡蛎餐厅。从目前能够找到的仅有的一张室内照片可以看出，其大厅空间高敞、装修考究。4 根细高的柯林斯柱托起雕饰精美的大梁。室内使用木门窗，墙面设置木饰壁板。壁板大约 1 米高，与柯林斯柱的柱础同高，空间被衬托得更加高耸。梁下悬吊水滴形灯饰，使大厅内洋溢着浪漫、奢华的情调（图 6）。

上海总会会所是外侨在上海建立的第一个真正意义上的社交娱乐型俱乐部建筑。建成后很快成为当时沪上规格最高、最重要的社交与公共事务活动场所。例如，1872 年 11 月，为庆祝上海开埠 29 周年，上海的英侨齐集总会，大摆筵宴。《申报》报道如下："龙肝豹髓之珍、麟脯凤胎之美，无不罗列几案以供先尝；而佳酿葡萄、

7. 夏伯铭 . 上海 1908. 上海 : 复旦大学出版社 , 2011.

图 3 《申江胜景图》中所绘上海总会会所，夸大了建筑基座的高度，使其显得更加庄重气派

图片来源：吴友如. 申江胜景图（下卷）. 南京：江苏古籍出版社，2003.

图 4 大雪中的上海总会会所与街道

图片来源：钱宗灏. 百年回望：上海外滩建筑与景观的历史变迁. 上海：上海科学技术出版社，2005.

图 5 上海总会会所入口立面历史场景
图片来源：http://blog.sina.com.cn/s/blog_548212d30102vbur.html.

图 6 上海总会室内历史场景
图片来源：夏伯铭.上海 1908.上海：复旦大学出版社，2011.

深杯鹦鹉、劝酬交错、欢乐未央。饮酒之余复行奏乐，琴瑟笙钟之韶、金石丝竹之音、纷纭杂作，嘈切可听。西妇复娇音顿足，以妙歌舞之；节前喁后于联袂拊掌，以极欢乐之乐，以忘羁旅之愁云尔。"[8]1879 年 5 月，美国离任总统尤里西斯·辛普森·格兰特（Ulysses Simpson Grant）访问上海，盛大的欢迎宴会理所当然在上海总会举办[9]。时光流转，这座享誉沪上的高等社交场所在 1911 年又迎来它更加辉煌的涅槃重生，详情请见第 2 章的"上海总会（Shanghai Club）新会所"。

上海总会采用会员制度，规定只有在上海住满 6 个月以上、年纳税达到一定数目的纳税人定期缴纳会费，才能成为会员，而新会员入会必须有 2 名老会员推荐，经委员会审批通过。上海总会入会委员会的审批程序很特别，需要将申请人的姓名写在黑板上公示，3 个月后由会员投票决定是否接纳。一旦成为正式会员，则需要交纳初次入会费和每月的会员费，入会费为 100 元，而每月的会员费为 7 元。由于会费是相当可观的一笔开支，一般的侨民是负担不起的，所以上海总会的会员一定非富即贵，诸如大商人、外交官、银行大班等。上海总会树立了俱乐部会员制度的范本，为其后的德国康科迪亚总会、斜桥总会等所效仿。

康科迪亚总会（Concordia Club）

1865 年 10 月，在上海总会的带动下，约 50 名德侨召开会议商讨建立专属俱乐部事宜，俱乐部名称定为"康科迪亚总会"（Concordia Club），并租下福州路（Foochow Road，今福州路）南侧、福建路（Fokien Road，今福建路）和山东路（Shantung Roads，今山东路）之间的普罗斯特（Probst）住宅作为会所，每年租金为 2000 英镑[10]。

1866 年 1 月 10 日，沪上第一家德侨俱乐部——康科迪亚总会开业，内部设有弹子房、保龄球室和餐厅[11]。1871 年，总会拨款 500 美元增设图书室。著名法国文学家居伊·布罗索莱（Guy Brossollet）在《上海的法国人（1849—1949）》一书中曾有这样的描述："19 世纪 70 年代，上海有两家高级俱乐部最受富人阶层欢迎。其中一家是德国俱乐部，这是上海第一家国际性的俱乐部，在这里人们可以遇到上海精英阶层；每一名接触本俱乐部的人，无论是盟友还是世仇，均会把所有的爱国激情抛之脑后。"[12]

---

8. 泰西总会馆宴集 . 申报 , 1872-11-15.
9. 舞会纪盛 . 申报 , 1879-05-23.
10. The Club Concordia. Social Shanghai, 1907(3).
11. North-China Daily News, 1866-01-11.
12. 居伊·布罗索莱，上海的法国人（1849 – 1949）. 牟振宇，译 . 上海：上海辞书出版社 , 2014.

1882 年，康科迪亚总会租借并搬迁新址：今四川中路、广东路转角处的一座建筑，直到 1907 年 2 月。总会新址中除了拥有更加宽敞的图书室外，还拥有一个非常宏大的表演大厅，适合各种歌舞表演和举办舞会。一名曾在这个大厅观看过轻歌剧的国外旅行者做了如下记录："那次演出的剧目是巴黎戏剧游乐园常演不衰的《城市角落里的流浪汉》（Les Cloches de Corneville）。晚饭之后，陆续有观众款款步入演出大厅。男士们皆身着黑色礼服，配以白色领结；女士们则穿着宽大的晚礼服，戴着闪耀的首饰，全身散发着迷人的香水味。舞台完全是西式的，大厅的西方色彩更浓，煤气灯放射出耀眼的光芒……"[13]

虽然康科迪亚总会是当时沪上享有盛名的外侨俱乐部，但长期租借场地开展活动，直到 1904 年，总会才购得外滩 22 号的一块地皮，并于 1907 年建造起自己的会所大楼。

上海爱美剧社（Shanghai Amateur Dramatic Club）

上海开埠十年后，一部分爱好戏剧的侨民自发成立业余表演剧团，自编、自导、自演话剧与歌剧，史料记载的最早演出时间是在 1853 年 5 月。虽然当时条件艰苦，需要在空闲的仓库里进行排练和演出，但表演却受到侨民们的热烈欢迎，演员队伍也不断壮大。1866 年 11 月 15 日，这些业余戏剧表演爱好者们成立戏剧协会（Dramatic Society），同年 12 月 7 日，建立俱乐部——"Shanghai Amateur Dramatic Club"，中文译称"爱美剧社"或"爱乐社"，也称"大英剧社"。俱乐部的建立宗旨为"鼓励业余戏剧演出，扶植上海的业余剧院、戏剧图书馆，管理用于戏剧演出的资金。"其对会员的要求很特别，"大英剧社拒绝名誉会员和不想积极参加表演的人加入"，并规定："俱乐部的委员会相当于剧院的委员会，负责经营，通过演出偿还贷款，为建设永久剧院收集资金。"[14] 由于戏剧演出租借场地的费用很高，俱乐部委员会决定建造一座专业剧场供排练和演出使用。于是，在英租界上圆明园路（Upper Yuanmingyuan Road，1886 年改名为"博物馆路"，今虎丘路）和诺门路（Gnaomen Road，今香港路）的交界转角处承租到宝顺洋行的一块土地，建造正式的剧场，命名为"Lyceum Theater"，中文译称"兰心大戏院"。

兰心大戏院于 1867 年 3 月 1 日建成并开放，它是近代上海第一个西式观演空间：二层木结构的建筑，镜框式舞台，专业设计的舞台背景。观众厅包括池座和两层楼座。

13. 马学强，曹胜梅.上海的法国文化地图.上海：上海锦绣文章出版社，2010.
14. No title. The North-China Herald, 1866-12-08.

所有座位都有编号，而且接受预定，并由专门的票务公司管理售票。

当时上海的侨民数量不多，观演的市场需求也不大，为了维持经营，爱美剧社只得一方面通过尽量多排新戏，另一方面依靠租借剧场场地来获得部分运转资金。1871 年 3 月 2 日，剧场不慎失火而被彻底烧毁[15]。重建剧院的费用分别来自运动事业基金会的借款以及发行的债券[16]。

新的兰心大戏院于 1874 年 1 月 27 日重新开业，建筑师为英人康纳（Corner）。重建后的剧场主入口设在圆明园路上，主立面为"横五段""纵三段"布局，左右对称，主入口设于正中。为了突出主入口，除了拥有三层层高外，入口上部巨大的拱券落地窗外设弧形小阳台，饰铁艺雕花栏杆（图 7）。内部观众厅依然保持了底层池座、两层楼座的格局。紧邻舞台下方的是乐池，可容纳 40 个乐师，与观众席前部在同一地坪标高上。池座座位呈扇形排列，靠近台口部分设包厢。楼座座位呈三面环绕状排列，前部为散座，后部设包厢（图 8）。

与近代上海其他的外侨俱乐部相比，爱美剧社是一个非常特殊的俱乐部，其特殊性体现在两个方面：一是从俱乐部组织的活动性质上说，俱乐部通常是公益性组织，不参加商业活动，且俱乐部的活动经费主要来源于会员会费。然而，戏剧表演的特殊性决定了要维持爱美剧社的正常运转，就要通过卖票和出借场地等措施获得必要的商业收入，这决定了该俱乐部组织具有一定的市场经营性行为。二是从俱乐部建筑的空间使用性质上说，俱乐部建筑通常是具有共同地缘关系、业缘关系，或者有共同兴趣爱好的人聚集一起的活动空间，即是具有一定私密性的特定人群的活动空间（非会员一般不允许进入）。然而，兰心大戏院是完全意义上的公共空间，只要买票，任何人都可以进入并观看表演，跨越了国籍与人群的界限。1874 年 3 月 20 日，正凤印书馆（英）出面邀请丹桂茶园戏班到兰心大戏院表演京剧与昆剧，甚至出现中外人员同台演出的情况。《申报》曾对此有如下说法："今以中戏西台兼用，实向日所未见。西商皆拟届期以闺阁协往，想华人之带巾帼类以去者亦必甚多。果然，中外男女一时之大快乐场也。"[17]兰心大戏院成为所有沪上外侨俱乐部建筑中公共性最强的活动空间，也成为华人最早能够参与其中的外侨娱乐空间。

1901 年，兰心大戏院进行了一次大力度的装修改造。建筑师运用大量铁质的花饰和叶饰来装饰纤细的铁框架：楼座的栏板、穹隆的鼓座部分覆盖着

15.The Burning of the Lyceum. The North-China Herald and Supreme Court & Consular Gazette, 1871-03-08.
16.New lyceum Theatre. North-China Daily News, 1872-05-21.
17. 西国戏院合演中西新戏 . 申报，1874-03-16.

图 7 建于 1874 年的兰心大戏院历史场景
图片来源：姚丽旋．美好城市的百年变迁：明信片上看上海 (上). 上海：上海大学出版社，2010.

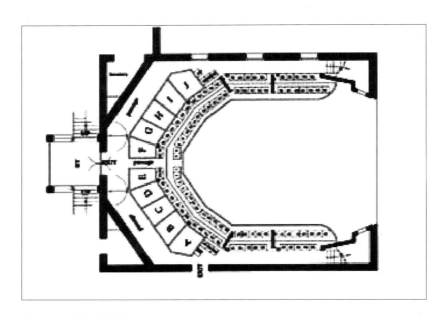

图 8 兰心大戏院二层平面图
图片来源：王方．外滩原英领馆街区及其建筑的时空变迁研究 (1843－1937). 同济大学博士论文，2007.

菱形花架状的铁饰，靠近台口部分的花架上点缀着爬藤植物状的铁饰（图 9）。这无疑是在当时国际流行的新艺术运动[18]影响下的设计操作，兰心大戏院的装修改造也就此成为为数不多的新艺术运动在上海产生影响的建筑案例。

图 9 兰心大戏院室内历史场景 (1908)
图片来源：A Memorable A.D.C.Performance. Social Shanghai, 1908(6).

斜桥总会（Country Club）

1879 年 7 月 2 日，以福布斯（F. B. Forbes，花旗银行的大班）为首的英国侨民成立了上海第一个乡村俱乐部——斜桥总会。

这座位于租界外静安寺路 120 号（Bubbing Well Road，今南京西路 651 号）当时郊区斜桥巷附近的两层小楼最初为福布斯"越界租地"而建的自宅。由于斜对着静安寺路的小路名"斜桥街"（Love Lane，今吴江路），这个乡村俱乐部被上海人习惯上称为"斜桥总会"。

18. 新艺术运动是 19 世纪末 20 世纪初流行于欧美的一次内容广泛的设计运动，涉及十多个国家，从建筑、家具、产品、首饰、服装、平面设计、书籍插画一直到雕塑和绘画艺术都受到影响，延续长达十余年，是设计史上一次非常重要的形式主义运动。

会所小楼坐北朝南，屋顶为平缓四坡顶，主入口位于建筑北面，底层设开敞式外廊。建筑整体比例和谐、端庄典雅、细部精致（图10）。建筑内部有一个可兼用作阅览室或舞厅的中央大厅，室外设有草地网球场。

最初的斜桥总会并无太大的特色与吸引力，成立时会员有90名，其中21名一年之后退出。为了使总会更受欢迎，委员会煞费苦心，千方百计举办各种戏剧演出和舞会，夏季还邀请市政厅乐队每天晚上在会所花园内演出[19]。1882年6月，委员会召开会议商讨购买临近约40亩（约26 666.8平方米）土地，并增建固定舞厅，于其内部设置供演出戏剧用的舞台，这个舞厅还被寄希望"在冬季和多雨的季节里"用于"羽毛球运动"。1897年，会所大楼又一次改扩建，弹子房、阅览室和餐厅的面积都得到扩充。至此，整个会所占地面积已近60亩（约40 000.2平方米）。

1906年，斜桥总会会员人数达到200人。从当时的历史影像上可以看出，会所已经具有相当规模，南面设开敞柱廊，其中东部为拱形券廊（图11）；建筑前方为花园和运动场地（图12）。此时会所内部同样的气派富丽，当年拍摄的照片显示：舞厅空间高敞，一侧正中设舞台，台口屋顶结构设计为拱形，墙壁上设壁柱装饰，地面为全木拼条地板（图13）。内部宽敞的会客厅内成组地布置着具有强烈巴洛克风格的沙发和座椅，漂亮的枝形吊灯从高高的、装饰有螺旋曲线的天花板上垂挂下来，中部木质大梁下两对柯林斯柱式雄踞左右——既是结构的真实表达，又是空间中最重要的装饰构件（图14）。弹子房面积很大，跨度达8米，顶部纵横交错的露明井字形木质大梁呈现出建筑真实的结构与构造关系（图15）。

1928年，斜桥总会会所迎来第三次大幅度的改扩建，一座游泳馆在会所东部应运而生，由建筑师戴维斯（Davies）和布鲁克（Brooke）设计，采用当时先进的钢桁架结构体系，顶部设有采光天窗。游泳馆东侧设酒吧间，南侧设面向花园的休息长廊（图16）。据称，游泳池的水不使用任何化学制剂，每3天更换1次；每逢冬季，泳池被覆盖起来作为室内羽毛场[20]。在斜桥总会成立后的近50年时间里，其会所占地面积从最初的8亩（5333.6平方米）扩大到65亩（43 335.5平方米），坐拥中心花园、12个网球场、1个小型高尔夫球场，以及篮球场、温水游泳池等设施。伴随会所占地面积的扩张，各种休闲与运动设施日臻完善，而其舒适的环境、高雅的情调与丰富的活动也吸引了越来越多的会员和重要的社交事件（图17）。

1929年7月2日，斜桥总会成立50周年，会所内举办盛大的庆祝活动，《字林西报》为此做了详细报道："……周五的开幕式以中午在宽敞游廊上举行的会

19. Country Club. Social Shanghai, 1906(1).
20. Swimming Bath at Country Club. North-China Daily News, 1928-08-11.

图 10 1879 年开业的斜桥总会会所历史场景

图片来源：https://www.virtualshanghai.net/Photos/Images?ID=471.

图 11 斜桥总会会所南立面历史场景（1906），规模较 1879 年开业时扩大了许多，外廊面对着大面积的室外活动场地

图片来源：The Country Club. Social Shanghai, 1906(1).

图 12 斜桥总会网球场历史场景（1906）

图片来源：同上

图 13 斜桥总会舞厅历史场景（1906），史料记录，冬季该舞厅曾作为羽毛球场地使用
图片来源：The Country Club. Social Shanghai, 1906(1).

图 14 斜桥总会会客厅历史场景（1906）
图片来源：同上

图 15 斜桥总会弹子房历史场景（1906）
图片来源：同上

North-China Daily News

Tsz-ling-se-pao-yu-han-kung-szs　SHANGHAI, SATURDAY, AUGUST 11, 1928　字林西報有限公司

SWIMMING BATH AT COUNTRY CLUB

Now in Full Use After Only Three Months' Work in Construction

BEAUTIFUL ADDITION TO THE BUILDING

An exceptionally fine example of swimming bath architecture is to be found in the recently opened bath and lounge at the Country Club in Bubbling Well Road.　This new addition to the club's attractions was formally opened to members on August 1, after having been entirely erected in three months, and the season is now in full swing among the bathers.

The bath was designed by Messrs. Davies & Brooke, the local firm of architects, and the greatest care has been taken to make the new structure commodious as well as attractive. In size it is 75 feet long and 40 ft. wide, and holds seven feet of water at its deepest part. The height of the bath from the water's edge to the roof trusses is 21 feet. The bath has been built at the east end of the club and its façade looks out upon the charming gardens in front of the building, at the south.

The Colonnade Lounge

At the south end of the bath

THE COUNTRY CLUB SWIMMING BATH

No more charmingly designed swimming bath with colonnade lounge looking out on the garden could well be imagined than that which Messrs Davies & Brooke have just completed for the Country Club.

图 16　《字林西报》关于加建完成的斜桥总会游泳池的报道（1928）

图片来源：Swimming Bath at Country Club . North-China Daily News, 1928-08-11.

图 17　斜桥总会北部入口庭院历史场景（1928 年前后）

图片来源：熊月之，马学强，晏可佳 . 上海的外国人 (1842—1949). 上海：上海古籍出版社，2003.

员和荣誉会员的聚会开始，草坪和花园无疑是上海最好的，……斜桥总会主席科尔顿 (W. A. Kearton) 简要地概述了总会娱乐设施发展的历史，并讲述了前辈为他们提供了网球场和保龄球场地的事实，这些场地在上海甚至远东地区都是最优的"[21]（图 18）。

太平洋战争爆发后，斜桥总会会所被日军占领[22]；抗日战争胜利后，会所一度成为美军俱乐部；新中国成立后，会所成为上海体育工作队的运动场地和办公地点；1971 年，上海电视台进驻。之后，这座小楼被拆除（具体时间不详）。

图 18 《字林西报》关于斜桥总会成立 50 周年纪念活动的报道（1929）
图片来源：Country Club's 50th Birthday . North-China Daily News, 1929-07-03.

---

21. Country Club's 50Th Birthday. North-China Daily News, 1929-07-03.
22.《申报》1943 年 1 月 19 日通告称："驻华日派遣军之上海办事处已从狄思威路旧址迁入静安寺路六五一号前斜桥总会"。

共济会俱乐部（Masonic club）

　　在上海早期的外侨俱乐部中，有一个特殊的俱乐部叫作"Masonic club"，英文"Masonic"是"共济会或共济会成员"的意思。共济会并非纯粹的宗教组织，在成立的初期属于一种秘密结社。共济会遍布全球，会员涉及社会中的各行业、各阶层。

　　上海的共济会是英国共济会在上海的分会。最早的共济会员于 18 世纪中叶来到中国，在广东集会活动，1844 年在香港建立分会。上海开埠后，来沪的英国人中许多都是共济会的成员。大约 1849 年，英国共济会授权香港共济分会在上海成立分会。1854 年，南京路第一座供共济会集会的场所——共济会堂（Masonic Hall）建成，上海人称之为"规矩堂"，后被出售。1861 年，在广东路建起第二座共济会堂。为了得到更宽敞的活动场所，上海共济会又从怡和洋行手中购得外滩 30 号的一块土地，1865 年 7 月 3 日，按照共济会的古老传统举行了隆重的建筑奠基仪式[23]。新会堂的建筑方案最初由英国建筑师克拉克（Clark）设计，在克拉克离开上海后，方案由建筑师基德纳（Kidner）修改完善，于 1867 年 9 月 27 日完工并开业[24]。

　　共济会俱乐部（Masonic club，《字林西报行名录》上译为"拜经堂"）成立于 1882 年 1 月 16 日，是共济会内部的俱乐部组织，规定成为俱乐部会员的重要条件是必须先加入共济会。由于共济会俱乐部在沪上俱乐部中的等级排位较高，对会员也没有阶层的门槛限制，所以成为共济会俱乐部会员是许多希望早日进入上海上层社会的英美侨民的首选[25]。也因此，共济会堂成为俱乐部成员名正言顺的活动场所。

　　新建共济会堂为三层砖木混合结构，是一座具有同一时期典型的外廊式特征的意大利文艺复兴风格建筑。建筑面朝黄浦江，主入口设在一层正中部分，左右对称设置楼梯。入口前设有小花园，用低矮的篱笆与外部分隔（图 19）。建筑以中部辅助空间为界可分为东西两个功能使用区：西区为大尺度的集会空间，上下两层，其中一层是公共大厅，可以举行宴会、演讲、音乐会等公共性活动；第二层是共济会成员举行宗教仪式的礼拜堂，其东端有楼座，西端设小礼拜堂和准备室。东区面对外滩，由小尺度的活动空间和办公空间组成，共济会俱乐部的常设活动室主要集中在东区的一楼，包括一间图书室、一间阅览室、一间酒吧以及一间弹子房[26]。

---

23. Laying The Foundation Stone of The New Masonic Temple, Shanghai. The North-China Herald, 1865-07-08.
24. The New Masonic Hall. The North-China Herald and Market Report, 1867-09-28.
25. 在《帝国造就了我——一个英国人在旧上海的往事》（罗伯特·毕可思（Robert Bickers），2012）一书中，记录了一个工部局警察通过先参加共济会，再进入共济会俱乐部，从而寻找到进入上海生活的途径，以及更多提升自己社会身份的机会。
26. Masonic Club . North-China Daily News, 1882-01-17.

1896 年的照片显示，共济会堂的东立面底层发生显著改变：原有的篱笆被拆除，底层向街道一侧加建出很多，入口空间被扩大，由街道公共空间进入建筑内部私密空间的缓冲带被加强，而建筑与街道的关系也变得更加明确和有张力（图 20）。

与其他的外侨俱乐部不同，共济会堂并非完全意义上的俱乐部建筑，其内部具有复杂的空间构成，是具有宗教性质的公共空间与俱乐部娱乐空间的结合。这里建成后既是共济会宗教活动举行的场所，也是相关俱乐部成员集会的场所，同时也是 19 世纪外滩音乐会、舞会等社会性公共活动定期举办的场所，而且以其舞会的高参与度闻名外滩。此外，共济会堂还包揽对外出租场地业务，例如，上海著名的德国音乐协会在成立之初，每年都定期在这里租借场地举办音乐会。共济会堂因多样的空间构成与丰富的公众活动，在 19 世纪末的上海滩备受瞩目。

1910—1912 年，共济会堂东部进行了大规模的改建。项目建筑师是克里斯蒂（Christie）和约翰逊（Johnson）[27]。改建后的共济会堂四层高，朝向黄浦江的东立面由原来典型的外廊式意大利文艺复兴风格转变为新古典主义风格，中轴对称，横三段、纵三段构图。底层花岗石贴面，两个分开的拱券形入口，一个为共济会俱乐部服务，另一个为共济会服务。二三层的中部设有四根两层高的壁柱，爱奥尼柱头托起厚重的水平檐部；左右两侧入口体块的檐部设三角形山花，出檐深远，下部设有假窗。顶部四层后退，并于中部形成宽大的晒台（图 21）。

改建后的共济会堂与街道空间的关系发生了很大的转变。原来的共济会堂入口设在二层，底层作为辅助用房，进入大厅需要经左右两边对称的室外大台阶，建筑与街道的关系相对隔离，建筑的私密性较强（图 22）。改建后，开敞的门廊直面街道，成为建筑灰空间，使建筑与街道的关系更加亲密。此外，原会堂一二层的东部外廊被并入内部使用，另设置了宽敞的宴会厅，加建了东、北两面的房间[28]。聚会大厅空间高敞，券形大窗上下两层，其间饰以壁柱，结构清晰可见（图 23）。

1930 年，共济会堂被转卖给日本邮船会社（后被拆除）。1931 年，共济会俱乐部搬迁至圆明园路，之后又两次迁址（1933 年迁至广东路 19 号，1935 年迁至广东路 93 号）。同时期，共济会在爱文义路 (Avenue Road，今北京西路) 和巨福路 (Route Louis Dufour，今乌鲁木齐南路) 分别建造英国共济会堂（图 24，图 25）和美国共济会堂（又称"美生堂"，图 26），宗教与社团自此拥有各自独立的活动场所。

27. The Masonic Hall: A Notable Work of Architecture. North-China Daily News, 1912-04-03.
28. 同上。

图 19 1870 年的共济会堂，入口种植低矮绿篱，与外滩街道关系密切
图片来源：Social Shanghai, 1911(11).

图 20 1896 年的共济会堂，入口加建裙房，通过大台阶与建筑内部联系，保证了空间的私密性
图片来源：姚丽菽．美好城市的百年变迁：从明信片看上海（上）．上海：上海大学出版社，2010.

图 21　1911 年改造完成的共济会堂东立面，底层入口只设置两步台阶，使建筑与街道关系更加密切
图片来源：https://blog.sina.com.cn/s/blog_a49733120102v50c.html.

图 22　改造前的共济会堂东立面入口大台阶及平台
图片来源：网络，出处不详

图 23　共济会堂聚会大厅历史场景 (1913)
图片来源：Social Shanghai, 1913(15).

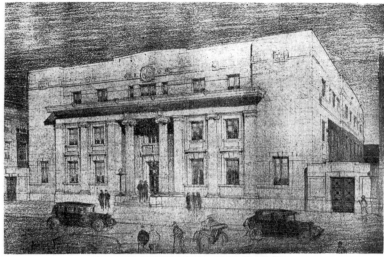

North-China ✠ Daily News

Tzu-ling-se-pao-yu-han-kung-szu　　SHANGHAI, THURSDAY, APRIL 10, 1930　　字林西报有限公司

THE NEW MASONIC HALL AS IT IS TO BE

As may be remembered the old Masonic Hall on The Bund was sold to the N.Y.K. nearly three years ago.

With the proceeds a desirable site at the southeast corner of the Avenue Road and Kiaochow Road crossing was bought at the beginning of this year.

For the design for the new building a limited competition was held, six architects taking part.

The author of the winning design is Mr. J. E. March, A.R.I.B.A.,

of Messrs. Spence Robinson and Partners. The picture shows Mr. March's design as it will front on Avenue Road.

The interior of the building is as well planned for the needs of the Masonic fraternity as the exterior is handsome and imposing.

This building will house the English, Scottish and Irish Masons. The American Lodges built a hall adjoining Avenue Pétain some two years ago.

图 24　1930 年刊登在《字林西报》上的英国共济会堂立面效果图及简介
图片来源：The New Masonic Hall As It Is To Be. North-China Daily News, 1930-04-10.

图 25　1933 年建成的英国共济会堂入口（现状），现地址是北京西路 1623 号
图片来源：作者拍摄（2015）

图 26 1929 年建成的美生堂入口（现状），现地址：乌鲁木齐南路 178 号
图片来源：作者拍摄（2015）

其他

除了以上较重要的俱乐部外，在上海俱乐部发展的起步阶段，葡萄牙侨民、意大利侨民、法国侨民等也相继成立俱乐部，但由于规模不大，财力不足，通常都是租借场地举办活动，没有建造专属的俱乐部建筑。这些靠租借场地组织活动的俱乐部，组织相对松散，活动也很难严格定期、持续地举办，因此其社团的社会影响力有限。

史料可考 19 世纪葡萄牙在上海建立的俱乐部有两个：其一是大西洋国总会（Portuguez Club），成立于 1876 年，最初的租借地址在江西路（Kiangse Road，今江西中路）42 号，之后，先后迁至乍浦路（Chapoo Road，今乍浦路）1 号、北四川路（North Szechuen Road，今四川北路）30 号，1919 年的地址为南京路（Nanking Road，今南京东路）18 号，1921 年又迁至北四川路 111 号[29]。其二是葡侨娱乐总会（Club de Recreio），建立于 1889 年之前，1889 年的地址为黄浦路（Whangpoo Road，今黄浦路）36 号，1905 年的地址为北四川路 31 号[30]。另外还有一个出现在 1907—1913 年的尤尼奥（音译）俱乐部"Club Uniao"，地址为北四川路 30 号，

---

29. 正文中俱乐部地址均来自《字林西报行名录》（1872-1941）的记录。
30. 1889—1905 年，"Club de Recreio"出现在《字林西报行名录》后消失，1928～1935 年间又再次出现。

其成立时间按目前已知史料推测应该是 1906 年初或更早[31]。现存史料对于此时期意大利俱乐部的记录相当少，1932 年的《上海地产月刊》中曾出现过一次关于意大利倍林总会（Club del Balin）的报道[32]，称其成立于 1898 年，地址在黄陆路（Wonglo Road，今黄渡路）[33]。在上海俱乐部发展的起步阶段，记录在案的法侨俱乐部数量同样不多，能够找到确切记录的有三个：1883 年刊印的《淞南梦影路》中记录：沪上法总会在法大马路（Rue du Consulat，又称"公馆马路"，今金陵东路）；1908 年出版的《上海世纪商埠志》中谈及有个法国总会（French Club）已成立多年，位于孟斗班路（Rue Montauban，今四川南路）法国邮局对面的会所大楼内（具体内容见第 4 章 3 节）；2014 年版《上海的法国人（1849 - 1949）》一书中有这样的描述："另一家法国俱乐部，又称小俱乐部，于 1893 年在环龙路建成。这是一些不那么富裕的法国人的约会之所。俱乐部到处飘散着茴香酒的香味！"[34]

上海外侨俱乐部发展初期的 50 年间，专资建造的外侨俱乐部建筑共计 8 座，从其空间分布来看，这一时期建造的俱乐部建筑多集中在外滩、跑马厅，以及静安寺路沿线。城市道路系统的逐步完善是外侨俱乐部建立和建造不可或缺的前提条件，南京路的建成使得跑马厅与跑马厅中间的公共运动场成为运动与爱好型俱乐部的聚集地，而静安寺路的打通又促进了第一个乡村俱乐部——斜桥总会的建成和开放。从建筑形式上看，这一时期建造的俱乐部建筑多采用殖民地外廊式风格，例如上海总会会所、斜桥总会会所、共济会堂、跑马总会会所等。这个阶段的外侨俱乐部建筑虽然数量不是很多，却生动地勾勒出一幅丰富多彩的国际化大都市的娱乐生活图景。

31. 已知最早有关该俱乐部的记录是在 1906 年 3 月 13 日《字林西报》中，"在葡萄牙志愿团基金赞助下，昨晚葡萄牙'Rio Lima'号炮艇业余爱好者在 Uniao 俱乐部剧院表演取得圆满成功"。
32. 倍林总会在《字林西报行名录》中第一次出现的时间是 1908 年。
33. 上海地产月刊，1932(7)．
34. 居伊·布罗索莱.上海的法国人（1849—1949）.牟振宇，译.上海：上海辞书出版社，2014.

第 2 章 鼎 盛
1900—1937 年

CHAPTER 2 HEYDAY,

1 9 0 0 - 1 9 3 7

20 世纪二三十年代，上海借助内外贸易、交通运输、电讯通信、金融、工业及其各行业间的互相关联、互相带动，逐步形成了巨大的经济凝聚力量，自然而然发展成为我国最重要的多功能经济中心[1]。1900—1937 年间，上海经济繁荣，社会稳定，城市建设突飞猛进，外侨数量急速增长——这些都为外侨俱乐部的发展创造了良好的外部条件。此阶段上海外侨俱乐部的发展呈现出以下几个特征。

数量多、类型广

根据《字林西报行名录》中对俱乐部的记载统计，1900 年前，上海俱乐部的数量一直保持在 20 个以内甚至更少，1910 年数量上升为 31 个，1920 年数量为 53 个。1925 年起，除俱乐部之外还出现了许多与俱乐部活动相关的协会组织，二者的总数量达到 111 个，之后则呈现爆发式增长，直至 1937 年，达到上海俱乐部及其相关协会组织发展的顶峰——总数为 249 个。短短 30 多年，除去少量的华人俱乐部，外侨在上海建立的俱乐部及其相关协会组织超过 200 个。

这一时期俱乐部的类型真可谓五花八门、应有尽有，既有按照地缘关系成立的俱乐部，比如上海总会（英国总会）、美国总会、法国总会、意大利总会、瑞士总会、日本人俱乐部、犹太总会等，也有按照业缘关系成立的俱乐部，比如工部局海关总会、工部局警察总会、工部局工程师总会、法国商务总会、法公董局军人俱乐部、德国退职军官俱乐部、商船驾驶员俱乐部、万国商团俱乐部、美国大学俱乐部等；既有将地缘或业缘关系与俱乐部位置相结合成立的俱乐部，比如斜桥总会、德国花园总会、法商球场总会、美国哥伦比亚乡村总会等，也有按照性别和年龄差异成立的俱乐部，比如美国妇女俱乐部、德国妇女俱乐部、英国妇女俱乐部、犹太妇女俱乐部、青年俱乐部等。数量最多的是按照兴趣爱好成立的俱乐部，比如汽车俱乐部、摄影俱乐部、绘画艺术俱乐部、下棋俱乐部、手表俱乐部、育狗俱乐部、鸽子俱乐部、德国牧羊犬俱乐部等，以及各种体育运动型俱乐部，比如网球俱乐部、游泳俱乐部、保龄球俱乐部、板球俱乐部等。

从以上俱乐部的名称可以想象当时上海外侨业余生活的丰富多彩。经济的富足、社会结构的相对稳定以及闲暇时光的充裕都极大地促进了外侨俱乐部的繁荣。

1. 熊月之 . 上海通史（第八卷）. 上海：上海人民出版社，1999.

涉及多国家、多民族

1910 年，上海外侨人口数量为 13 000 多人；1930 年，这个数量上升到 48 812 人（其中公共租界 36 471 人，法租界 12 341 人）；1937 年，上海的外侨人口数量陡增到 73 273 人。据统计，20 世纪上半叶驻沪侨民国籍与民族数最多时达到 58 个，其中包括来自欧洲大陆 18 个国家的侨民、美洲大陆 9 个国家的侨民、亚洲大陆 12 个国家的侨民、非洲大陆埃及的侨民，以及以民族进行注册的苏格兰人、拉脱维亚人、波斯人、爱沙尼亚人、塞尔维亚人、乌克兰人，等等。

如此众多的外国侨民集聚上海共同生活，多种文化在此交流、碰撞。这一时期在上海建立外侨俱乐部的国家共计 14 个，包括英国、法国、德国、意大利、葡萄牙、瑞士、丹麦、俄国、波兰、美国、加拿大、日本、印度、菲律宾。多国家、多民族、多风格的俱乐部既反映了上海作为国际化大都市的文化多元性，也呈现出娱乐社交文化在保持各国、各民族传统习俗的同时相互影响、相互渗透的可能性。

等级界限与种族界限

侨民的社会身份和文化身份是成为俱乐部会员的最基本依据。富豪与权贵，中产阶级与"体面"人士，按照各自社会身份的高低分处不同等级的俱乐部中，代表不同社会身份的俱乐部间存在着明确的、难以跨越的等级界限。尽管诸多外侨俱乐部在功能设置和活动内容上有很多相似性，但不同的文化身份和社会身份将侨民聚集在不同的（俱乐部）社交圈子里。各个俱乐部间并无太多的横向交流，因为除了社会等级界限外，不同文化身份的俱乐部间还存在着无形但明确的种族界限（甚或隔离）。

首先，代表不同文化身份的种族界限（隔离）存在于欧美白人和亚洲有色人种之间。中国人、日本人、印度人、安南人被隔离在各西方外侨俱乐部之外，无论是上海总会、德国康科迪亚总会、法商球场总会、美国总会，还是跑马总会，都是西方白人的活动场所，不接受有色人种成为会员。尽管 1911 年之后的情形稍有变化，比如跑马总会出于商业利益考虑，允许有色人种进入看台观看比赛，但要想成为其俱乐部的正式会员仍然是不可能的事。

其次，代表不同文化身份的种族界限存在于西方各个国家之间。不同民族文化背景的外侨分属于不同的俱乐部，比如英美文化同源，因而上海总会的会员主要是英国人和美国人，也有少量德国人和丹麦人，而法国人极少；德国康科迪亚总会的会员主要是德语语系的侨民；法商球场总会由于成立时间较晚，对会员的国籍没有明确要求,成为国际性最强的俱乐部,但是其会员仍以法国人和俄国人为主——共同的语言和文化背景是加入法商球场总会的关键;成立更晚的美国总会虽然宣称自己是"最国际化的"俱乐部,但其大部分会员仍为美国人。

再次,对于相处同一个俱乐部中的不同国籍的侨民而言,彼此之间的交流十分有限,对彼此文化身份的认同也极其脆弱,特别是当政治格局改变或国家关系发生变化时,对彼此有限的认同会随之化为泡影。比如,当第一次世界大战打响,所有在战前入会到非德俱乐部的德国人立刻被当作"最不受欢迎的人",不但被俱乐部驱逐,而且还被工部局和其他市政部门驱逐[2]。《密勒氏评论报》主编、美国记者约翰·本杰明·鲍惠尔(John Benjamin Powell)在他的著作中有段描述战争时英国商人和德国商人关系的文字:"但最有趣的,是在中午看英国商人和德国商人各自到外滩他们的俱乐部去吃饭;当他们走向外滩时,虽然大家头顶头,脸对脸,也互不招呼。吃饭的时候,双方谈论的也都是欧战。而每一个俱乐部里,都有一幅欧战形势大地图,只是双方所指的,却是恰好相反的一边。"[3]

20 世纪 20 年代末,特别是"五卅运动"之后,以中国工人阶级为主力军的反帝国主义革命运动风起云涌,迫使外侨俱乐部向华人开放。最先向华人打开大门的是美国总会,于 1928 年接纳华人成为会员,几年后,上海总会也向华人开放。随着各国间的文化交流日益增多,开始出现跨种族的社交团体,比如中国 - 比利时友谊会、中国 - 法国联谊会等[4]。30 年代开始,上海作为一个国际化城市,种族界限逐渐被打破,俱乐部间的各种联谊活动和比赛频繁举行。展览、会议、宴请……只要在俱乐部租借场地或受到俱乐部的邀请或买了门票,无论是外国侨民还是华人都可以进入俱乐部参加活动。俱乐部大楼的场所公共性日益彰显。

1. 法租界中的俱乐部大楼

1900—1937 年的 38 年间,上海新增外侨俱乐部大楼 28 座(包括重建、扩建项目),俱乐部大楼成为上海近代建筑历史上不可小觑的一种特殊建筑类型(图 1)。

早在 1899 年,上海英美租界合并为"国际公共租界"(International Settlement of Shanghai),自此,上海租界范围被鲜明地划分为"公共租界"与"法租界"两部分。1900 年之前,城市发展主要集中在公共租界,因此,起步期的俱乐部大楼

2.Robert Bickers, Christian Henriot. New frontiers-Imperialism's new communities in East Asia 1842—1953. United Kingdom: Manchester University Press, 2000.

3. 约翰·本杰明·鲍惠尔 . 在中国二十五年 . 尹雪曼 , 李宇晖 , 雷颐 , 译 . 合肥 : 黄山书社 , 2008.

4. 在 1935 年版的《大上海指南》中,中国 - 比利时友谊会地址为九江路 150 号,中国 - 法国联谊会地址为辣斐德路 577 号。

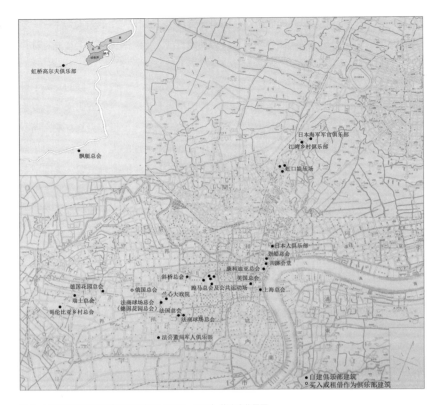

图 1　上海外侨俱乐部建筑发展鼎盛阶段（1900—1937）的建造位置图
图片来源：余诗菁绘制

也都集中那个区域，而那时的法租界由于经济与各种城市设施建设的落后，"经常被人当作公共租界的小妹妹，一个毫无个性的延伸部分，不具任何特殊作用"[5]。这种状况持续到法租界第三次扩张后才得到根本性的改善。

　　1902 年，德国花园总会（Deutscher Garten Klub，又称"德国花园俱乐部"或"德国乡村总会"）成立，并于两年后建造了总会会所，位于当时刚刚开通的西江路（Rue Sikiang，今淮海中路东段，1906 年，西江路改名为"宝昌路"，后又改名为"霞飞路"）474 号。1904 年，法商球场总会（Cercle Sportif Français），在法租界外西南的顾家宅成立，1914 年建造了总会会所。这两个总会都属于"越界租地"行为下建造起来的乡村总会，均位于法租界之外。

　　1914 年 4 月，上海法租界第三次扩张，延伸至徐家汇一带，此时租界面积较

5. 白吉尔 . 上海史：走向现代之路 . 王菊，赵念国，译 . 上海：上海社会科学院出版社，2005.

1900 年增长了七倍之多，德国花园总会与法商球场总会也因此成为法租界内的"合法住户"。俄国十月革命后，一大批俄国贵族和知识分子流亡到上海，很快在法租界找到安身之地，在霞飞路（Avenue Joffre，今淮海中路）一带开设了许多高档餐厅和商店。20 世纪二三十年代，霞飞路一带成为法租界里最繁荣的商业街区，许多花园住宅、公寓、公共建筑等在此地簇拥着拔地而起，这其中也包括新建的俱乐部大楼——法商球场总会新会所、新兰心大戏院、法国总会会所、法公董局军人俱乐部大楼等。

德国花园总会（Deutscher Garten Klub）

1902 年 11 月，德国花园总会会所的工程筹备会召开。1903 年 10 月，工程筹备委员会购入西江路 474 号一块面积约 22 亩（约 14667.4 平方米）的土地。这里环境安静，地价便宜，距离外滩也不算太远，是建造会所的理想之地。之后，委员会又购入邻近的一块土地，总面积达到了 33 亩（约 22001.1 平方米）。购买土地和建设的费用由 300 名持股人共同承担，他们将成为总会会员而不需要另外支付入会费用（其他会员需支付入会费和每月会费）[6]。

德国花园总会会所于 1904 年建成，由德国建筑师海因里希·贝克[7]（Heinrich Becker）设计。大楼为两层砖木结构，正立面朝南，底层中部为拱廊，屋顶为四坡顶，上面开有老虎窗。两端的建筑体量稍稍突出，二层木架外露，古朴典雅，具有浓郁的巴伐利亚乡土气息（图 2）。建筑内部设有奢华的交谊大厅、酒吧（图 3）、会客室（图 4）以及女士休息室（图 5）等。室内装饰别致典雅。英文杂志《上海社会》(Social Shanghai, 1906 年) 曾对此做过详细的描绘："会客室的陈设由本色的柚木制成，式样精巧别致。沙发、靠背椅等家具都配带美丽花纹的绿色座套。地毯由浅绿的丝绒制成，墙壁刷成柔和、漂亮的粉红色，上沿勾勒有黄色的装饰线。女士休息室配的是白色的家具和色彩柔和的法国地毯，温馨、浪漫。大厅由种类丰富的彩旗装饰，在两边的楼梯上交替摆放着红白两色的天竺葵，以及配挂着闪烁灯饰的棕榈树和其他植物……"[8]

6.German Country Club. Social Shanghai, 1906(1).

7. 贝克 1868 年出生于德国什末林（Schwerin，今梅克伦堡），他在慕尼黑大学接受了系统的建筑学教育，毕业后在开罗工作 5 年，获得埃及政府的高度褒奖。1898 年，贝克来到上海开设建筑师事务所，命名为"贝克洋行"（Heinrich Becker）。1905 年，德国另一名建筑师倍克（Karl Baedeker）加盟，事务所更名为"Becker & Baedeker"（中文译名仍然为"贝克洋行"）。贝克在上海执业 13 年，设计建造的公共建筑作品另有：华俄道胜银行（1899—1902 年）、德华银行（1902 年）、德国邮局（1902—1905 年）、扩建德国总领事馆办公楼（1903 年）、德国康科迪亚总会会所（1904—1907 年）、同济医工学堂教学楼（1908 年）等。

8. German Country Club. Social Shanghai, 1906(1).

图 2　德国花园总会会所南立面历史场景

图片来源：夏伯铭.上海 1908.上海：复旦大学出版社，2011.

图 3　德国花园总会会所酒吧历史场景

图片来源：German Country Club. Social Shanghai, 1906(11).

图 4　德国花园总会会所会客室历史场景
图片来源：German Country Club. Social Shanghai, 1906(11).

图 5　德国花园总会会所女士休息室历史场景
图片来源：同上

随着开展活动火热度的上升，1906年，德国花园总会在西侧加建了很大的舞厅、餐厅和弹子房，室外也增建十个网球场和大片草地[9]。每逢重要活动以及夏季纳凉晚会，园内必定张灯结彩，载歌载舞。1910年，总会新建一个露天沥青场地作为"跑冰场"（图6），在当时的上海滩引起轰动，"在上海有助于消磨时光的娱乐，最有趣的是德国花园总会内的溜冰活动。金秋时节，天高气爽，丝丝微风拂过脸庞。明媚的阳光下，衣着时髦的女士们在溜冰场上潇洒自如。注目场中，好多优秀的溜冰能手正在献技：莫莱夫人在场地边缘以雅致舒缓的表演得到众多的赞叹；韦伯的溜冰令人眼花缭乱，表现出来的种种花样，就像一个职业溜冰选手……这里是如此欢乐，必定会有越来越多的人加入进来，场地即使扩大五六倍也不会显得大。"[10]

第一次世界大战爆发后，1917年3月17日，我国宣布对德绝交，德国花园总会被法租界公董局没收，于6月11日改为"凡尔登花园"（Verdun Gardens），并对外供人游览[11]。同年7月，会所内的餐厅、舞厅等也均向公众开放[12]。1918年12月11日，法公董局以95 000两银买下凡尔登花园——共计61亩（约40 668.7平方米）土地和会所。两年之后，德国花园总会会所被拆除（图7）。

SKATING AT THE GERMAN COUNTRY CLUB SKATING RINK

图6　德国花园总会跑冰场历史场景
图片来源：Skating At The German Country Club Skating Rink. Social Shanghai, 1911(12).

9.German Country Club. Social Shanghai, 1906(1).
10.Social Notes. Social Shanghai, 1911(12).
11. 上海通社．上海研究资料．上海：上海书店，1984.
12.From Day To Day. North-China Daily News, 1917-07-20.

图 7　即将拆除的德国花园总会会所，法商球场总会新会所将在这里建造

图片来源：Verdun Gardens. The North-China Herald Supplement, 1920-08-03.

法商球场总会（Cercle Sportif Français）

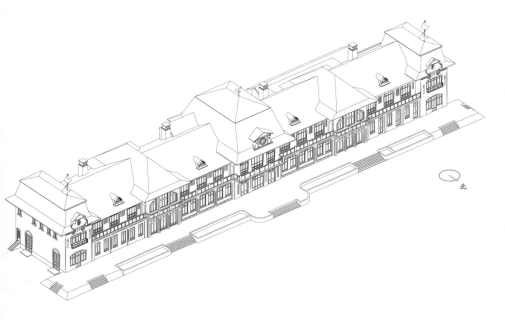

北

1900 年，法租界公董局购买顾家宅土地 152 亩（约 101 338.4 平方米），将其中的 112 亩（约 74 667 平方米）租给法国军队建造兵营 [13]。1904 年，法国军队陆续撤走。同年 9 月，17 名法国侨民组织起一个叫作"Cercle Sportif Français"的俱乐部团体，中文译称"法商球场总会"。法商球场总会向公董局申请在原兵营用地上建造网球场和停车场等公共设施，获准。

1914 年 3 月，在环龙路（Route Vallon，今南昌路）上，法商球场总会拥有了自己的会所。这是一幢两层的坡屋顶砖木楼房，南立面横向五段，呈中轴对称状，左右两翼设外廊（图 8，图 9）。1917 年，会员人数从三年前的 305 名增加至 500 名，会所的扩建迫在眉睫。法公董局的建筑师万茨（M.M.Wantz）和博尔舍伦（Bolsseron）受聘担任会所扩建设计与工程监理，项目承建商为姚新记营造厂。扩建工程拟将原会所西端的突出体量拆除后再扩增为一个五段式的建筑体量（图 10）。1918 年，工程告竣。

扩建后的法商球场总会会所主入口设在北面环龙路上，小汽车可以直接驶入宽大厚实的门廊之下（图 11）。会所坐北朝南，为法国文艺复兴风格。南立面由五个外凸的垂直向体量与四个延展的水平向体量组成，建筑形体错落有致。中间及东、西两端垂直向体量的屋顶皆为孟莎式折坡屋顶 [14]，屋檐下是硕大、精致的挑檐木，极具特色。黑色卵石的外墙饰面，拱券样的门窗洞口类型丰富，细部造型别致活泼。底层设外廊，二层设通长阳台。会所南面开辟有多个网球场、法式滚木球场和大片草地，面对着南面的法国公园（图 12）。

一楼大厅空间开敞，正中央是宽敞的马蹄状楼梯（图 13），铸铁栏杆是由"C""S""F"三个西文字母——法文"Cercle Sportif Français"的首字母组成的装饰图案（图 14）。楼梯平台正对的入口面券窗上镶嵌有大面积铅条纹饰的彩色玻璃，阳光透过玻璃洒向室内，营造出欢快祥和的气氛（图 15）。工艺精美的铸铁栏杆和彩绘玻璃都是在 1918 年定制于上海土山湾孤儿院美术工场（Orphelinat de Tou-Se-Ve）。建筑内部设有法式开仓（carom）台球厅和英式斯诺克（snooker）台球厅，以及餐厅、酒吧间、游戏厅等。为适应总会的活动要求，西部二层扩建部分还特意加设了豪华的表演大厅（图 16），可以兼作会堂和舞厅，并配置完备的舞台设施。

———
13.《上海园林志》编纂委员会编. 上海园林志. 上海：上海社会科学院出版社，2000.
14. 孟莎式屋顶英文为"mansard roof"，是法国文艺复兴时期到古典主义时期典型的屋顶形式，因为最早被建筑师孟莎（Jules Hardouin Mansart，1646–1708）所使用，故得名。屋顶为四坡两折，每一坡都被折线分成上下两种坡度，下部坡度较上部坡度更大。屋顶多设老虎窗。

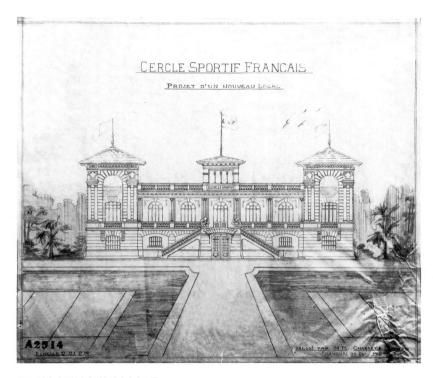

图 8 法商球场总会会所备选方案立面图
图片来源：上海市城市建设档案馆

图 9 1914 年建成的法商球场总会会所南立面历史场景
图片来源：http://www.virtualshanghai.net/Data/Buildings?ID=292.

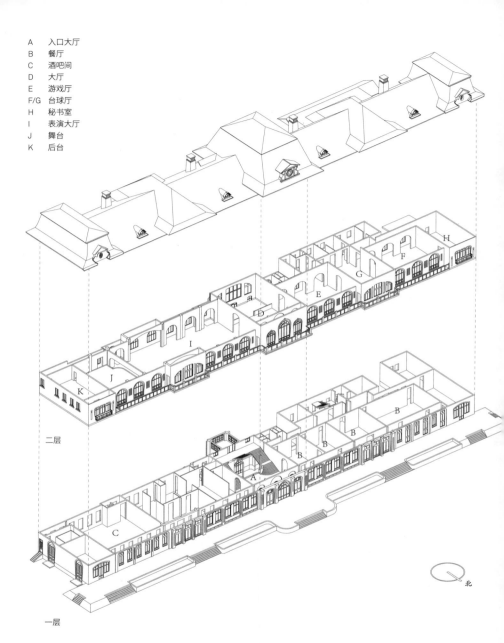

A   入口大厅
B   餐厅
C   酒吧间
D   大厅
E   游戏厅
F/G 台球厅
H   秘书室
I   表演大厅
J   舞台
K   后台

H

F

G

E

D

I

J

K

二层

B

B

B

B

A

C

北

一层

图 10 1920 年的法商球场总会会所南立面，当时已完成扩建改造，会员超千人
图片来源：Fifteen years ago the Cercle Sportif Francais was housed in a matshed. The North-China Herald
Supplement, 1920-08-03.

图 11 法商球场总会会所北面入口历史场景 (1920)
图片来源：Main entrance to the new building of the Cercle Sportif Francais. The North-China Herald
Supplement, 1920-08-03.

图 12 从法国公园（今复兴公园）望向法商球场总会会所（明信片）
图片来源：上海图书馆

图 13　法商球场总会会所门厅（现状）
图片来源：作者拍摄（2016）

图 14　法商球场总会会所门厅楼梯（现状）
图片来源：作者拍摄（2016）

图 15　法商球场总会会所楼梯间彩绘玻璃（现状）
图片来源：作者拍摄（2016）

法商球场总会的会员除了法国侨民，还包括丹麦、瑞典、挪威等国的侨民。法商球场总会是 20 世纪初上海欧洲侨民举办聚会、庆祝活动、网球比赛等事宜的重要公共场所。例如，每年的 7 月 14 日法国国庆日，这里都会大摆筵宴。1924 年 11 月 11 日欧战（1914—1918 年的第一次世界大战）和平六周年纪念日，"……休战庆祝典礼，沪上将循例举行，此次由联合祈祷会主持。晨八时四十五分，参战各国军人于黄浦□纪念碑上，点缀花圈。次于大教堂祈祷。晚八时，各团体聚餐于法国总会（这里指法商球场总会），十时有跳舞会云"[15]。

1926 年，法商球场总会乔迁新会所，原会所变身为法租界公董局学校（College Municipal Francais，图 17），并在 1930 年加以改造，1943 年更名为"法国公学"（College Français）。新中国成立后，这座位于环龙路 47 号的建筑被收归国有，成为上海市文化局办公楼。20 世纪 50 年代，这座楼内主要的使用功能是中外科技信息交流，陈毅市长亲笔为之题名"科学会堂"。之后，由于各种原因，这座建筑历经 1963 年、1978 年、1991 年三次大的改扩建。

2010—2012 年，上海市科学技术协会提请对该建筑的保护性修缮。几经专家评审讨论，将建筑修缮的历史节点定在建筑风貌和格局基本成形、特征最为鲜明、功能更为接近、历史资料丰富的时期——法商球场总会后期（1926 年）[16]。遵循国际城市遗产保护的"真实性"原则，上海现代建筑设计（集团）有限公司设计制定了全方位的整体修缮策略，修缮工程的主要内容包括：外立面及室内重点保护部位的修缮与复原，结构加固，设备更新及周边环境整治。法商球场总会会所终于迎来了洗尽铅华、再现历史风貌的一天。

---

15. 庆祝欧洲休战纪念日 . 申报 , 1924-11-03.（原文断句俱用顿号，此次引文按现代语法修正）
16. 宿新宝 . 上海科学会堂保护工程设计思考 . 建筑学报 , 2014(2).

图 16　法商球场总会会所二楼表演大厅（现状）

图片来源：作者拍摄（2016）

图 17　20 世纪 30 年代改造完成后的法租界公董局学校

图片来源：https://www.virtualshanghai.net/Data/Buildings?ID=187.

新兰心大戏院 （Lyceum Theater）

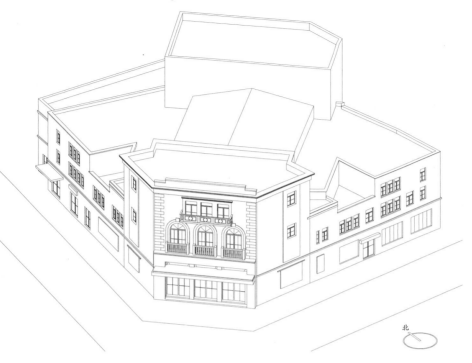

北

由爱美剧社经营的兰心大戏院（上圆明园路（Upper Yuanmingyuan Road，今虎丘路）和诺门路（Gnaomen Road，今香港路）交界转角处）自 1874 年建成之后，55 年间，上演剧目 180 余场次。1907 年，国内成立的第一个新剧（话剧）团体——春阳社在兰心大戏院首次公演《黑奴吁天录》，之后又陆续上演了《秋瑾》《徐锡麟》等革命性剧目，引发社会的强烈反响。20 世纪 20 年代末，当电影逐渐成为更加热门的娱乐选择时，兰心大戏院受到极大冲击，生意每况愈下。1929 年，兰心大戏院被卖出后拆除。

1930 年，在迈而西爱路（Route Cardinal Mercier，今茂名南路）与浦石路（Route Bourgeat，今长乐路）交界转角处，一个气势更加宏伟的新剧院用了不到一年的时间就在法租界的灯红酒绿中闪亮登场（1930 年 4 月 17 日项目开工，同年 12 月 28 日土建竣工，1931 年 2 月 5 日新兰心大戏院开业）。

新兰心大戏院是一座钢筋混凝土结构的建筑，由英商新瑞和洋行[17] 设计，占地

---

17. 新瑞和洋行由吉尔伯特·戴维斯 (Gilbert Davies) 于 1896 年创立，托马斯 (C. W. Thomas) 1899 年成为合伙人。20 世纪 30 年代，新瑞和洋行改名为"建兴洋行"（Messrs. Davies, Brooke & Gran Civil Engineers and Architects）。

面积 1350 平方米，建筑面积 2300 平方米。建筑主体地上两层，局部三层。平面为不规则五边形，主入口对位在迈而西爱路与浦石路交叉口位置，戏院两翼沿道路平行展开（图 18）。门厅非常宽敞，左右两侧各设一部折线形直跑楼梯。二层休息厅直通楼座（图 19）。观演空间包括三部分——观众厅、舞台和后台。新兰心大戏院的观众厅为船型平面，一层座位 406 个，楼座座位 275 个。舞台面积非常大，达 210 平方米，台口宽 8.8 米，台深 13 米，高 17 米。后台面积 460 平方米，分上下两层：一层包括布景、道具、仓储等功能空间，二层包括化妆、休息、办公等功能空间。新兰心大戏院是按专业话剧演出要求进行设计的，但为了迎合当时兴盛的电影业，戏院增设了放映室，配置了优良的放映设备，从而成为一家多功能的影剧院。

新兰心大戏院的外立面采用深色的高岭土面砖饰面，墙隅、窗框、檐下等重点部位装饰白色石材，略现意大利文艺复兴风格。主入口立面古朴典雅，风格独特：底层为三个方形门洞，上设宽大的雨篷；二层为三个带有小阳台的拱券落地大窗，窗框两层，上方拱心石装饰；三层居中设三个方形连续落地窗，带外阳台，阳台下设挑檐构件，细部精致（图 20）。

1942 年 7 月，侵华日军封闭了新兰心大戏院，后将其派与伪中华电影公司管理。抗日战争胜利后，大戏院归还爱美剧社。1949—1952 年，新兰心大戏院历经被爱美剧社卖出、划归上海市剧影工作者协会、划归上海市文化局，并更名为"上海艺术剧场"等一系列的身份转变，直至 1991 年，恢复原名"兰心大戏院"。时至今日，兰心大戏院依然是沪上著名的综合性表演场所。

图 18　新兰心大戏院历史场景
图片来源：上海图书馆. 老上海：建筑寻梦卷. 上海：上海文化出版社, 2010.

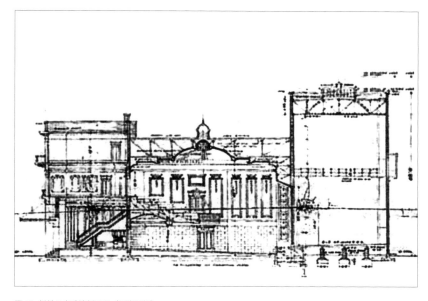

图 19 新兰心大戏院剖面图（历史图纸）
图片来源：王方 . 外滩原英领馆街区及其建筑的时空变迁研究 (1843—1937). 同济大学博士论文 , 2007.

图 20 新兰心大戏院入口（现状），原入口大台阶现今已不可见
图片来源：作者拍摄（2016）

A 门厅
B 观众厅
C 舞台
D 布景间上空
E 演员休息室
F 办公室
G 厕所
H 化妆室
I 贵宾休息室
J 休息厅
K 休息室

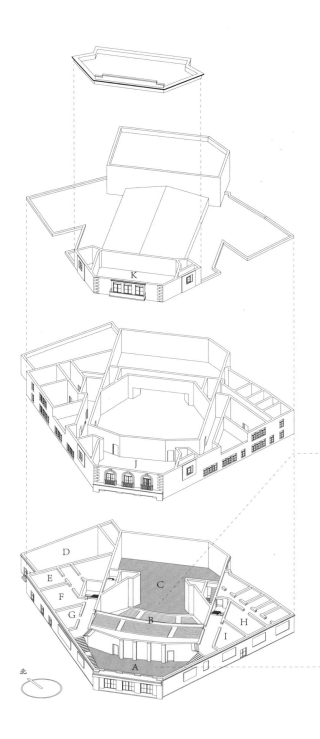

三层

二层

一层及夹层

北

① 正立面（历史照片）

② 兰心大戏院远景（历史照片）

③ 上海爱美剧社会员在兰心大戏院排练后的舞台合影（历史照片）

④ 门厅（现状照片）

法公董局军人俱乐部
（Cercle De La Police Foyer Du Marin & Du Soldat）

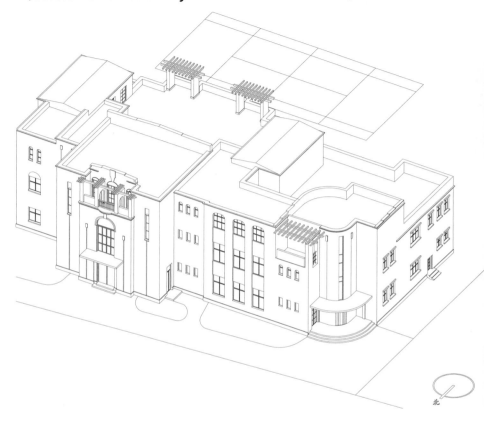

北

　　法公董局军人俱乐部大楼是为方便法租界的警察、海军及陆军军人聚会、观演等公共活动而建造的，位于爱麦虞限路 (Route Victor Emmanuel III，今绍兴路) 9 号，1932 年由法租界公董局公共工程处技术科设计，1935 年建成。初期备选方案中曾有二层现代风格的建筑设计（图 21），但最终建成的是一幢三层装饰艺术风格（Art-Deco）[18] 的大楼（图 22—图 24），其内部大空间局部设框架柱，建筑高度为 17.46 米，建筑面积 3292.8 平方米，造型简洁、洗练，内部装饰丰富、独特，成为近代上海装饰艺术风格建筑的优秀代表。

――――

18. 装饰艺术风格（Art-Deco）是 20 世纪 20—30 年代流行于欧美的时尚艺术潮流，以其富丽和新奇的现代感而著称。它实际上并不是一种单一的风格，而是装饰艺术潮流的总称，包括几乎装饰艺术的所有领域，如家具、珠宝、绘画、图案、书籍装帧、玻璃、陶瓷，以及建筑等各个领域。装饰艺术风格的起源可以追溯到欧美 19 世纪末 20 世纪初兴起的"新艺术运动"。

　　这座大楼归两家俱乐部所有：法公董局警察俱乐部与海陆军俱乐部。警察俱乐部在建筑东半部，主入口在建筑北向沿街立面上，其入口立面采用对称的形式，一二层入口体量稍外凸，三层后退为露台（图 25）。入口上设置精致的雨篷，对应一层门洞的是二层巨大的券窗，正中设拱心石。露台上装饰有实木葡萄架，局部点缀有精美的装饰艺术风格线脚。一层门厅方正，与通向室外网球场的南入口形成明显的南北向轴线。海陆军俱乐部在建筑西半部，主入口位于建筑西北角处，穿过弧形雨篷，从角部进入门厅（图 26）。门厅空间处理灵活，与聚会大厅巧妙衔接。

　　为了在有限的体量内合理地摆平两家俱乐部对多种功能和空间的需求，建筑师巧妙地将两个俱乐部的最大空间错层设置：海陆军俱乐部的最大空间（聚会大厅）在一层，警察俱乐部的最大空间（表演大厅）在二层（图 27）。

　　警察俱乐部的底层空间紧凑，从门厅的大楼梯可直达二层观众休息厅，休息厅气派华美。表演大厅空间开敞，沿东西向轴线左右对称，可容纳 180 座，设舞台，屋顶为井字梁结构。舞台两层通高，后台设有化妆间、盥洗室等服务性用房。建筑三层东部是一间酒吧，归警察俱乐部所有；西部是台球厅，归海陆军俱乐部所有。两个俱乐部在空间上没有任何横向联系，所有活动、服务空间均各成体系。

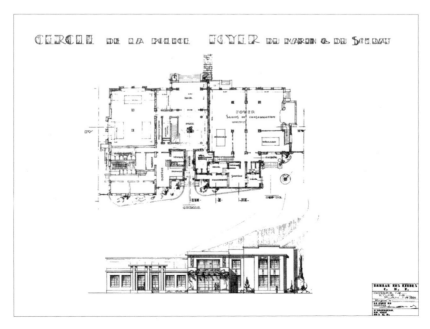

图 21　法公董局军人俱乐部建筑备选方案
图片来源：上海市城市建设档案馆

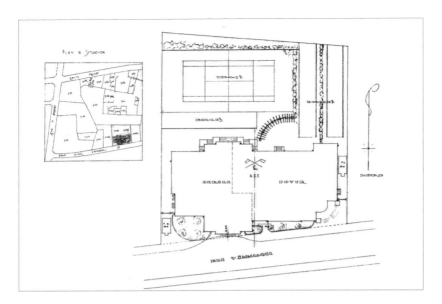

图 22　法公董局军人俱乐部建筑总平面（历史图纸）
图片来源：上海市城市建设档案馆

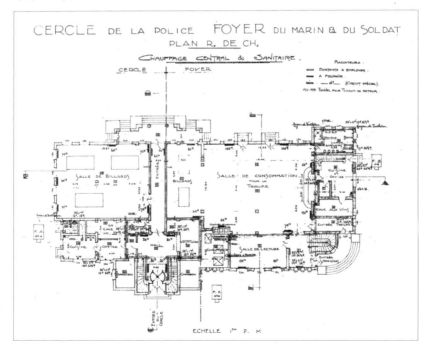

图 23　法公董局军人俱乐部建筑一层平面（历史图纸），图上清晰地标示出两家俱乐部的空间分界线
图片来源：同上

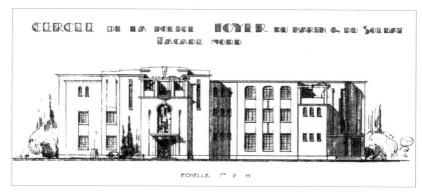

图 24　法公董局军人俱乐部建筑实施方案北立面（历史图纸）
图片来源：上海市城市建设档案馆

图 25　警察俱乐部入口历史场景
图片来源：上海图书馆

图 26　海陆军俱乐部入口历史场景
图片来源：上海图书馆

A 台球厅
B 台球厅
C 聚会大厅
D 表演大厅
E 餐厅
F 酒吧
G 台球厅
H 游戏室
I 屋顶花园
J 舞台上空

三层

二层

一层

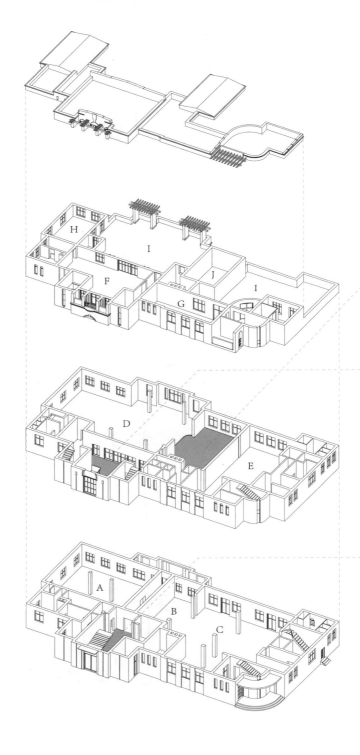

北

① 舞台剧演出（历史照片）

② 休息厅（现状照片）

③ 入口门厅（现状照片）

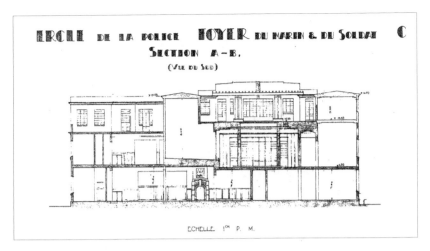

图 27 法公董局军人俱乐部建筑横剖面（历史图纸）
图片来源：上海市城市建设档案馆

　　整幢建筑内部装修设计到位，所有房间的地板、天花、墙面、灯具、门窗，甚至栏杆、扶手、围墙和花架等均由建筑师统一设计（图 28—图 30），其中最具特色的是警察俱乐部的一楼大厅与二楼休息厅：彩色相拼的水磨石楼地面与楼梯踏步、曲线形的铸铁镂空栏杆和铜质扶手、二楼休息厅正对的入口上方拱形券窗、折坡弧拱形的顶棚、两侧墙上的半圆形券洞，以及券洞下的壁灯和沿墙面一周的螺旋状装饰线条，所有建筑细节一气呵成、相映成趣，无不透现出装饰艺术派风格现代、典雅的艺术气质。

　　1949 年后，上海淮剧团、上海京剧团、上海戏曲学校先后驻扎在该建筑中；1981 年，这座建筑迎来了上海昆剧团的成立与发展；1990 年前后，昆剧团发起的建筑改造造成这座历史建筑风貌的局部破坏；2005 年，该建筑被市人民政府确定为上海第四批近代优秀历史建筑；2012 年，上海龙博建设发展公司承接该建筑的保护性修缮工程。工程的宗旨是在尽可能再现建筑历史风貌与各部分历史信息的同时，优化其作为现代表演空间的功能与品质，使这座昔日的俱乐部大楼因完美地契合现代使用功能而青春永驻。

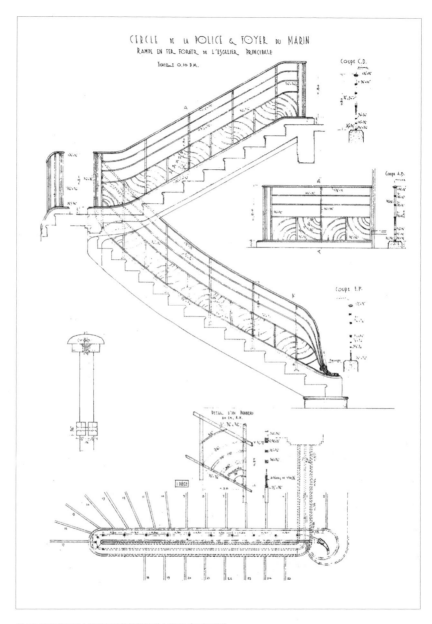

图 28 法公董局军人俱乐部建筑楼梯扶手大样图（历史图纸）
图片来源：上海市城市建设档案馆

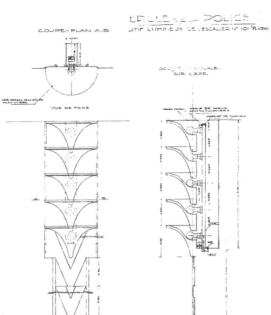

图 29　法公董局军人俱乐部建筑灯饰大样图
（历史图纸）
图片来源：上海市城市建设档案馆

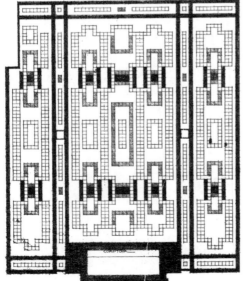

图 30　法公董局军人俱乐部建筑底层聚会大厅
铺地大样图（历史图纸）
图片来源：同上

俄国总会（Russian Club）

虽然俄国早在 1875 年 7 月就在上海建立了领事馆，但俄国人大量来到上海是在 1917 年俄国十月革命之后。据统计，1915 年，俄侨人数为 402 人，仅占上海外侨总数的 2%；1920 年，上海俄侨人数增长至 1476 人；1935 年，公共租界和法租界的俄侨总数为 14 845 人，占外侨总数（62 313 人）的 23.8%[19]——几乎每 4 个外侨中就有一个是俄国人。

由于法语在俄国贵族与知识分子阶层的特殊地位，流亡上海的俄国人很快在法租界立足、谋生，其生活区域也逐渐从最初的虹口杨树浦一带向法租界转移——霞飞路（Avenue Joffre，今淮海中路）一带逐渐热闹起来，形成了一个新的俄侨居住区。在这个区域中，先后建立多家俱乐部，其中，最大的一家就是俄国总会（Russian Club）。

俄国总会由俄国商会赞助成立。1934 年 11 月 18 日举行首届俱乐部大会，通过了俱乐部章程，选举产生了董事会、监事会、委员会。1936 年 2 月 4 日，俄国总会定址在福煦路（Avenue Foch，今延安中路）1053 号一栋独立的两层花园洋房内。该会所为坡屋顶，立面简洁，南面底层设精致的门廊，面向花园和运动场地（图 31）。会所内部设置阅览室、图书馆、弹子房（图 32）、棋牌室、舞厅、酒吧、客厅，以及一间中式的麻将室。1941 年，俄国总会会员人数达到 530 人。

图 31　俄国总会会所历史场景
图片来源：上海图书馆．老上海：建筑寻梦卷．上海：上海文化出版社，2010.

图 32　俄国总会会所弹子房历史场景
图片来源：同上

19. 邹依仁．旧上海人口变迁的研究．上海：上海人民出版社，1980.

2. 公共租界中的俱乐部大楼

外滩及其沿线一带一直是 19 世纪上海俱乐部大楼的聚集地。20 世纪初，外滩已经完成作为沪上商业与金融核心的蜕变，可谓是寸土尺金，在这里能拥有一席之地，对于俱乐部及其会员来说，其社会身份的荣耀度毋庸置疑。德国康科迪亚总会会所、新建的上海总会会所、共济会堂等陆续成为外滩沿线俱乐部的翘楚，而美国总会会所、划船总会会所等也在尽量靠近外滩的地域拥有了自己的领地，在静安寺路（Bubbing Well Road，今南京西路）和公共租界外的大西路（Great Western Road，今延安西路）沿线，新建与改建的俱乐部大楼此起彼伏，在虹口吴淞路一带的日侨聚居地，日本人也开始建造自己的俱乐部大楼。

康科迪亚总会（Concordia Club）

1904 年，编号为"外滩 22 号"的原属于仁记洋行（Gibb Livingston and Co.）的土地出让，新任德国康科迪亚总会会长的龙特（Lundt）获悉后果断拿下，并着手推进总会会所建设事宜。德国建筑师海因里希·贝克（Heinrich Becker）的设计方案在选拔竞赛中拔得头筹。1904 年 5 月 9 日，竞赛方案公开展出[20]；同年 7 月，康科迪亚总会召开会议，决定追加投资 9 万两银，至此，土地和建筑的总投资达到 40 万两银[21]；10 月 22 日，康科迪亚总会会所破土动工，普鲁士王子阿道尔伯特（Adalbert）主持了奠基仪式[22]。项目施工方为康裕记营造厂，室内设计由贝克的合伙人——建筑师卡尔·贝德克（Carl Baedecker）担当。

工程建设持续了 2 年多。1907 年 2 月 4 日，德国康科迪亚总会会所正式对外开放。这是一座折中主义风格与浪漫主义风格并蓄的建筑，综合了罗马风建筑、文艺复兴建筑和巴洛克建筑的特点。会所主立面直面黄浦江，采用了不对称的立面构图，南北两端各竖立一座巴洛克式尖顶塔楼，南高北低。南塔楼为方形平面；北塔楼下半部为圆形平面，上半部转换为六角形平面，二者外凸于建筑主体量，并在形态上相映成趣。中部建筑主立面分为三层，设置落地拱券门窗，整体而富有变化，深深的券洞让原本厚重的建筑体量有了更加丰富的层次。顶部屋面坡度很大，中部设别致醒目的老虎窗。在仁记路（Jinkee Road，今滇池路）上的建筑侧立面浪漫主义风格突出，具有复杂巴洛克装饰、高达四层的尺度巨大的尖券形山墙是整个侧立面的构图中心

20.General News. North-China Daily News, 1904-05-10.
21.No Title. North-China Daily News, 1904-07-25.
22.The New Club Concordia. North-China Daily News, 1904-10-24.

图 33　德国康科迪亚总会会所历史场景

图片来源：钱宗灏．百年回望：上海外滩建筑与景观的历史变迁．上海：上海科学技术出版社，2005.

图 34　德国康科迪亚总会会所与外滩建筑群

图片来源：同上

图 35　1900 年世博会德国馆形象
图片来源 : http://blog.sina.com.cn/s/
blog_43c595340100pfrw.html.

（图 33）。康科迪亚总会会所以其显著的体量与特别的型制在外滩建筑群中独树一帜
（图 34），充分显示出其代表国家的身份象征与地域性建筑风貌 (图 35，图 36)。

　　会所的主入口设在东立面的最北端，通过高大的台阶步入室内。大台阶借用了
建筑半地下室的高度，并横向连通半地下室屋面形成的露台，同时，建筑立面上深
深的双柱肋架券搭建出室内与露台间的友好关联——这里是观赏黄浦江景色的绝佳
位置（图 37）。建筑二、三层中部体量向后退让，不仅形成第二个层次的露台，而
且丰富了建筑与街道的界面形态。由于半地下室的外墙壁有一人多高的地面高度，
形成了建筑内部和街道间的一道屏障，成为会所私密性的保障（图 38）。

　　会所内部豪华考究：挺拔的柱子支撑起穹窿形状的天花，窗扇上镶嵌着流光溢
彩的彩色玻璃，宽敞的楼梯用大理石铺就（图 39），精致的木雕几乎随处可见……
位于一层的酒吧间墙壁上装饰着描绘柏林和不莱梅风光的壁画，外露的木梁上雕饰
精美，椽子上雕刻着精选的德文警句，长长的吧台上不莱梅制作的精美电烛灯光摇
曳 [23]（图 40）。位于二层的宴会厅宽敞清雅，大厅一端的服务台上部设奏乐楼台，
室内各种券拱与拱饰令人目不暇接（图 41）。

23.Opening Of The Club Concordia. North-China Daily News, 1907-02-07.

图 36　建成不久的德国康科迪亚总会会所历史场景，入口位于建筑东北角。立面呈现浪漫主义建筑风格，与世博会德国馆的立面形象非常神似
图片来源：Buildings in Shanghai. Social Shanghai, 1908(6).

图 37 德国康科迪亚总会会所平台双柱肋架券细节
图片来源:中国银行上海市分行博物馆

图 38 德国康科迪亚总会会所与街道的关系,两米多高
的外墙保证了建筑内部的私密性
图片来源:The Bund on A Wet Day.Social Shanghai, 1911(11).

图 39 德国康科迪亚总会内部楼梯的历史场景
图片来源:夏伯铭.上海 1908.上海:复旦大学出版社,
2011.

图 40　德国康科迪亚总会酒吧间历史场景
图片来源：夏伯铭. 上海 1908. 上海：复旦大学出版社, 2011.

图 41　德国康科迪亚总会宴会厅历史场景
图片来源：钱宗灏. 百年回望：上海外滩建筑与景观的历史变迁. 上海：上海科学技术出版社, 2005.

康科迪亚总会会所的设计为德国建筑师贝克赢得了极大声誉，使他迅速上升为上海德侨团体里的"首席建筑师"。康科迪亚总会建成之时，已有会员540名，该会所成为德侨重大活动的必选之地，例如，1909年1月27日，在这里举行了盛大的德皇威廉二世诞辰日庆祝会。

随着第一次世界大战的升级和战火的蔓延，1917年，当时的中国政府正式对德奥宣战，德国在华的特权被取消。随着德国战败，德国侨民被陆续遣送回国，德国政府及社团的产业由中国政府全盘接管、查封或拍卖。1919年，康科迪亚总会会所及其地块被拍卖，中国银行购得[24]。

在中国银行入驻前，康科迪亚总会会所一度成为对外租借的重要活动场所。例如1920年，俭德储蓄会周年大会在这里召开；同年1月1日，环球中国学生会在这里召开新年宴会，会上，孙中山发表演说，音乐家周森友、汤蔼琳、杨雪珍等也即席表演[25]；1920年11月21日，绍兴旅沪同乡会在这里召开第十届常年大会，与会者近千人[26]。

经过局部整修，中国银行于1923年2月迁入该建筑并正式营业[27]。1926年发行的5元货币的正中央图案就是该时期中国银行的正立面。可以看出，整修后的建筑主入口已经从原来的北端改到正中，设置了更加宽大的入口台阶（图42）。此外，建筑内部的功能和空间做了相应调整，以适应作为银行办公大楼的基本使用需求[28]。

随着业务的蒸蒸日上，老建筑逐渐无法满足银行规模扩大后的使用需求，1935年，这座昔日的会所被拆除（图43），在原址上建造起新的中国银行总部大楼（图44）。德国康科迪亚总会屹立上海滩近三十年，在近代上海建筑史上留下了值得记忆的历史影像。

24.1922年7月，中德恢复邦交关系，面对康科迪亚总会会所无法归还的尴尬局面，在沪的德国侨民于1924年12月租借南京路33号——原美国总会会所成立"德国总会"（Deutscher Klub）。1930年，德国总会迁址南京路106号；1932年，德国总会迁址东亚银行内；1936年，德国总会迁址四川路299号；1943年，德国总会迁址大西路1号；第二次世界大战后，德国总会关闭。德国总会与康科迪亚总会无法同日而语，不仅活动空间局促，而且会所地址动荡。另外，除了在《字林西报行名录》、1936年的《大上海指南》和1943年的《申报》中能够找到零星记录说明它确实在以上几个地点真实存在过之外，很难再查到其他的具体信息，由此可推测德国总会在上海外侨中的影响力有限。

25.本会特别通告.环球中国学生会周刊,1920-01-03.

26.绍兴同乡会常年大会纪.申报,1920-11-22.

27.金胜潮.行史掠影.上海：中国银行上海市分行,2002.

28.张延祥.电梯之进步.申报,1927-03-09.

图 42 中国银行 1926 年发行的 5 元纸币
图片来源：中国银行上海市分行博物馆

图 43　1935 年，原德国康科迪
亚总会会所被拆除
图片来源：同上

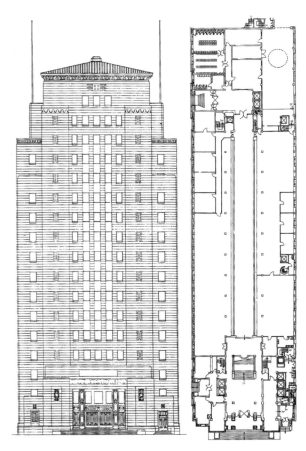

图 44 新建中国银行总部大楼平面图、立面图
图片来源：伍江．上海百年建筑史（1840—1949）．上海：同济大学出版社，2008.

上海总会（Shanghai Club）新会所

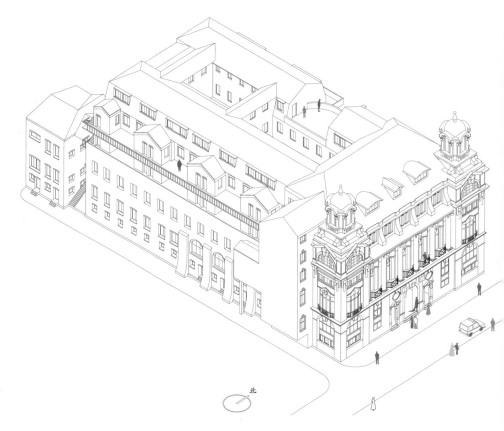

北

　　在德国康科迪亚总会会所正式对外开放之时，上海总会位于外滩 3 号的会所已经使用了 40 多年，此时总会会员人数也已达到 1300 人（其中 3/4 为英国人）[29]。面对日益局促的活动空间与陈旧的设施，上海总会决定拆除旧楼，另建新会所。1908年 9 月 16 日，上海总会向工部局提交了请照单并很快得到批复[30]。在新会所落成之前，上海总会暂迁至仁记路（Jinkee Road，今滇池路）上的临时会所。1909 年初，新会所开工奠基，上海总会主席普拉特（W. A. C. Platt）主持奠基礼。工程项目由聚兴营造厂承建，次年年底建筑竣工，建筑总造价约 45 万两银。

　　马海洋行（Moorhead & Halse）的英国建筑师塔兰特（B . H . Tarrant）在其建筑设

29. 夏伯铭 . 上海 1908. 上海：复旦大学出版社，2011.

30. 上海市城建档案馆档案。

31. No title. North-China Daily News, 1911-01-06.

计方案中选后不幸离世，另一位建筑师布雷 (A. G. Bray) 担当了其设计方案的深化和后续的工程督建。这两位建筑师均是英国皇家建筑师学会会员，他们精湛的专业素养在这座建筑中得到完美体现（图 45，图 46）。室内设计由马海洋行的日本建筑师下田菊太郎担当。

1911 年 1 月 6 日，外滩广东路—洋泾浜段交通封闭[31]，路边上，印度锡克族巡捕列队严整，外滩 3 号门前人头攒动，门上覆盖着大幅英国国旗。时任英国驻上海领事馆代总领事佩勒姆·沃伦（Pelham Warren）在总会主席普拉特和建筑师布雷陪

图 45　刚刚建成的上海总会新会所正立面历史场景，入口处无雨篷
图片来源：The Shanghai Club. Social Shanghai, 1911(11).

—FRONT ELEVATION.—

图 46　上海总会新会所立面图、横剖面图
图片来源：上海市城市建设档案馆

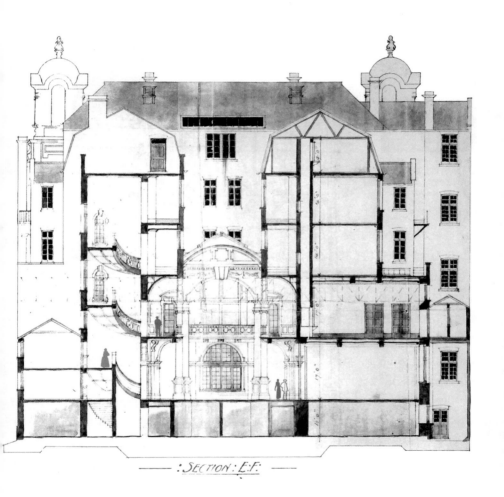

: SECTION : E.F.

图 47　开启上海总会新会
所的银质钥匙
图片来源：同图 48

图 48　上海总会新会所开业场景
图片来源：Opening of the new Shanghai Club Building. Social Shanghai, 1911(11).

同下，将银质钥匙（图 47）插进建筑大门，四周立时掌声雷动——开幕典礼宣告上
海总会新会所正式对外开放（图 48）。

　　上海总会新会所几乎占满了整个建筑基地。会所一共 6 层，东向主立面纵横均
为三段式构图，严格对称，新古典主义建筑风格，兼具巴洛克装饰特征。会所底层
正中入口为高敞的罗马拱券，上部拱心石与饰以巴洛克风格的垂花浮雕相结合；两
侧长方形入口设塔斯干柱式。贯穿两层的 6 根爱奥尼列柱是整幢建筑的视觉中心，
顶部两座巴洛克式望亭由于带有老虎窗的深色坡顶的映衬而显得格外灵动。会所东
立面采用水泥仿石饰面，而西、南、北三个立面采用局部仿石饰面，其余部分为鹅
卵石饰面（图 49）。

　　上海总会新会所与街道的关系非常紧密，入口门廊直接向城市街道敞开，同
时作为空间过渡，也缓解了建筑对于街道空间的压迫感。建筑内部的空间序列就
此展开：穿过高敞的罗马拱券，拾级而上，宽大的大理石台阶直通中央大厅（Paved
Hall）——这里是整座建筑的核心空间，气势恢弘，装饰奢华（图 50）；16 棵成双
作对的白色柱式通过柱顶拱券连成一体，支撑起上层出挑的曲线形廊台；深色的铁
艺栏杆花饰精美、繁简适中；阳光从屋顶拱形玻璃天窗投射而进，显得更加柔和、
静谧（图 51）。

　　中央大厅周边房间布局基本对称（图 52）。厅北侧是舒展的弧形楼梯与两部德
国西门子笼式电梯，这两部电梯至今已使用百年之久，但仍然运行自如。弧形楼梯
及扶手基座均为抛光汉白玉，光滑细腻，与黑色的精钢铸铁栏杆对比鲜明、相得益彰。

图 49　上海总会新会所侧面立面历史场景，入口处增加了雨篷
图片来源：姚丽旋. 美好城市的百年变迁：明信片上看上海（上）. 上海：上海大学出版社, 2010.

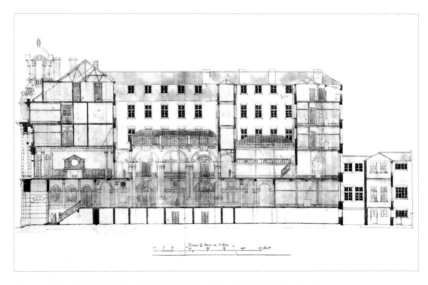

图 50　上海总会新会所纵剖面图。空间轴线清晰明了，核心空间为两层通高的中央大厅
图片来源：上海市城市建设档案馆

图 51 上海总会新会所中央大厅（现状）
图片来源：作者拍摄 (2018)

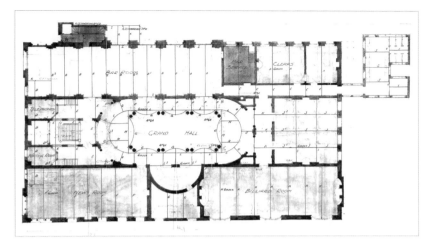

图 52 上海总会新会所一层平面图（历史图纸），中部为整座建筑的核心空间——椭圆形中央大厅
图片来源：上海市城市建设档案馆

  酒吧间在中央大厅南侧，室内用东南亚柚木包镶四壁，整体空间高旷，高达 5 米之多，风格古朴典雅。酒吧间南面靠墙一排的木质护墙板上设有精致的木质酒柜，由雪花大理石台面和抛光桃花芯木底座制成的 "L" 形的酒吧台横贯酒柜，长达 34 米多，号称当时的 "远东第一长度"，可谓上海总会的 "镇馆之宝"。吧台底座侧面多处浮雕装饰。哈瑞特·萨金特（Harriet Sergeant）在《上海——文化冲突的焦点，1918—1939》一书中写道："班格尔勋爵曾把上海总会想象成一个 '艳俗之地'，来来往往的有 '海员、国际冒险家、贩毒者、白奴、交际花和此类不三不四的人'。可是第一次造访却令他大失所望。那里一片恬静，就像在圣雅各。长吧台给他留下很深的印象，尤其是在星期六快吃午餐的时候，因为临近周末工作很忙。他记得中国侍者身穿白夹克站成一排，伺候会员。长吧台在尽头转弯，与黄浦江并行。这段吧台是银行和洋行老板的包座。除非他们邀请，别人不能在那里饮酒。" [32] 能够进出上海总会是社会地位显赫的象征，而在 "Long Bar" 里，身份等级更加分明。据说当年公共租界的许多要事都在这个吧台边商讨过——"远东第一长吧台" 意味着 "显赫社会地位中的显赫"。

  二层房间通过环廊相连。图书室与阅览室位于建筑西侧正中，图书室的空间高达 6 米，上覆玻璃采光顶。与图书室位置东西相对的是整座建筑中面积最大的空间——宴会厅——可供 200 多人同时进餐。宴会厅内气氛轻松欢快，墙面用白色的

32. 熊月之，马学强，宴可佳. 上海的外国人（1842-1949）. 上海：上海古籍出版社，2003.

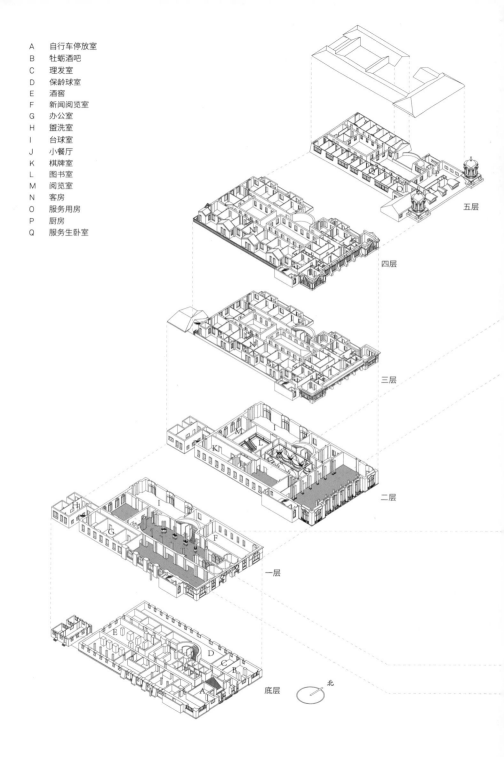

A 自行车停放室
B 牡蛎酒吧
C 理发室
D 保龄球室
E 酒窖
F 新闻阅览室
G 办公室
H 盥洗室
I 台球室
J 小餐厅
K 棋牌室
L 图书室
M 阅览室
N 客房
O 服务用房
P 厨房
Q 服务生卧室

五层

四层

三层

二层

一层

底层

北

① 中餐厅（历史照片）

② 宴会厅（历史照片）

③ 建筑效果图（建筑师绘）

④ 中央大厅（历史照片）

⑤ 多米诺骨牌室（历史照片）

⑥ 酒吧间（历史照片）

壁柱配红色的木质镶板；尺度巨大的落地门窗外设小阳台，黄浦江的美景尽收眼底；裱花石膏板天棚顶上满饰各种水果的圆雕，真实细腻，暗合了宴会厅的用途；天棚上悬吊的水晶吊灯更增添了宴会厅的华贵韵味。除宴会厅外，该楼层还另设其他中小餐厅和就餐包间。建筑三、四层设置 40 多间配备独立卫生间的客房（图 53），而服务生卧室和厨房都设于建筑顶层。

上海总会会所内部的装饰材料非常讲究：柱础与柱子为宁波产花岗岩；主楼梯、门厅、大厅、环廊的地面铺设来自意大利西西里岛的黑、白两色大理石；室内的拼花木地板、门窗、壁橱、护墙壁板等处材质均为东南亚产柚木；室内五金构件除采用优质精钢、铸铁外，还多用黄铜等材料。

上海总会建成几年后，主入口前加建了精钢框架的玻璃雨篷，由四根金属拉杆连接翼缘中部，正中为三角形单坡造型，前端有山花面框架装饰，呈现出装饰艺术派风格特征。框架制作工艺精良，所有节点或整体折弯成形，或淬火热铆连接，是在英国定制后拆解，船运到上海，现场铆合安装[33]。

与老上海总会会所的砖木结构不同，新会所采用了钢筋混凝土和砖石承重相结合的混合结构体系和筏式基础，另外采用的更加先进的建筑技术是：中央大厅玻璃穹顶的构造分为上下四层[34]，形成有效的空气对流效应，构造设计合理巧妙，保证了建筑的冬暖夏凉与环保节能。

上海总会会所无论新旧，一直都占据着当时外滩高级别豪华建筑中的霸主地位。上海总会一直沿袭只接收西方白人男性成为会员的规则，1927 年 3 月，会员第一次被允许可以偕同女眷或女性朋友参加总会举办的风尚宴会。几年后，当女性进出上海总会成为平常事时，会所中的宴会大厅也兼具了舞厅的功能。

第一次世界大战爆发，英、德成为敌对国。1915 年 5 月，英游船卢西塔尼亚号在爱尔兰外海一带被德潜艇击沉，造成千余人遇难之事震惊上海滩，上海总会内的德国会员一夜之间被全部驱逐出会。1941 年底，太平洋战争爆发，日军进驻租界后强行接管上海总会会所作为日海军武官府。抗日战争胜利后，上海总会会所被英侨收回继续营业，后英侨离开，会所关闭，直至 1956 年，成为海员俱乐部的活动场地。1971 年，上海总会被改建为"东风饭店"，空间格局被重新调整，建筑局部遭到破坏。1990 年，上海第一家肯德基在原上海总会酒吧间开张营业，"远东第一长吧台"被彻底拆除。

---

33. 刘嘉农 . 古堡今生 . 外滩 , 2013(10).

34. 最外层是安全构造，由钢丝网 + 角铁框架组成，防范高空坠物和窃贼入侵；第二层是通风构造，由带雨帽的矩形拔风管形成自然通风，改善大厅内部的空气质量；第三层为屋面采光层，用 T 形铁做檩条，铅金属密封 620mm×1500mm 的大块压纹玻璃；最内层是透光穹顶的关键部分，受力骨架由大木枋、花式檩条，以及牛腿状金属桁架组成，以 450mm×550mm 的小块压纹玻璃作为采光层 + 装饰层。

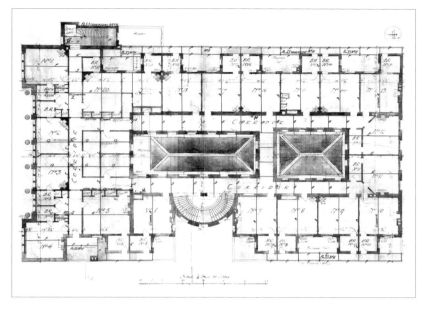

图 53　上海总会新会所三层客房平面（历史图纸）
图片来源：上海市城市建设档案馆

图 54　华尔道夫酒店全景（现状）
图片来源：作者拍摄 (2019)

2009 年 3 月，原外滩 3 号归属希尔顿酒店集团。2011 年，该大楼被精心修复，与西部新建的一幢现代塔楼通过中部下沉式自助餐厅和庭院连接为一个有机整体，成为希尔顿集团旗下"上海外滩华尔道夫酒店"（Waldorf Astoria Shanghai on the Bund，图 54），这座已拥有一个世纪历史沧桑的上海总会会所再一次焕发出生机与活力。

美国总会（American Club）

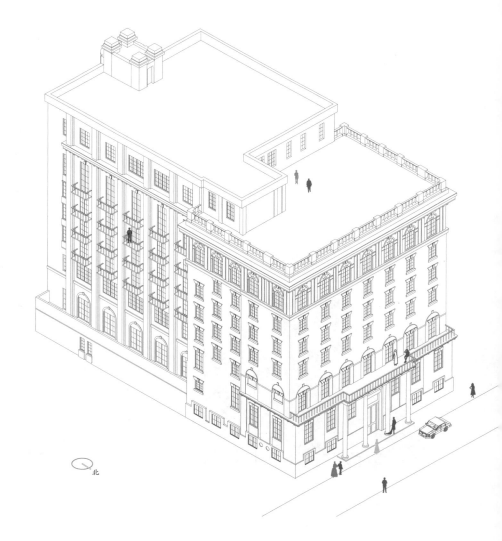

北

开埠后入沪的美国淘金者人数较少，加之英美文化同源，美国人常以个人身份加入上海总会，喝着威士忌，甚至对英国人严格的着装和拘谨的礼节亦步亦趋，"完美无缺地、但也许是不舒服地穿着正式的黑色晚礼服，僵硬呆板的白领子，勇敢地支持着英帝国的高贵和尊严"[35]。直到第一次世界大战，才有大批美国人来到上海。在战争期间，上海所有的俱乐部都弥漫着紧张氛围，那时的美国一直试图保持中立；但是，随着欧洲战争的爆发，"自由轻松地接受不列颠款待的日子结束了。上海美国人发现他们和他们的国家正遭受同在上海的英国人的批评"[36]。于是，美国人逐渐从英国的俱乐部中脱离出来。

从 1916 年夏天起，一群美国人经常聚在一起打桥牌。起初，由于没有固定的聚会场所，他们或到这人家里，或到那人家里，或者又转战到某人公司里……打桥牌是一项很"绅士"的活动，而且一场比较完整的桥牌至少要打 16 圈，大约耗时两三个小时，因此，有个固定活动场所成为大家共同的心愿。于是，这群美国人成立"满贯总会"（Slam Club），发起者 13 人，其中美孚公司驻华总经理萨特利（F. W. Sutterle）担任会长，高德洋行的芬德利（W. T. Findley）医生担任副会长，中国营业公司的管理人员亚当斯（W. A. Adams）担任秘书，负责财务及其他实际事务。他们起草了第一份条例，租借位于江西路（Kiangse Road，今江西路）39 号的房间作为满贯总会的活动地点，以便"在那里他们无须事先安排就可以聚在一起光荣地战斗"[37]。

很快，满贯总会在美国商人中间获得高度响应，申请入会者很快超过了预想的控制人数——52 人。于是，总会索性变更条例，允许更多的人入会，按照俱乐部内部历史学家的说法，这些是"人缘好的人"[38]。1917 年 5 月 10 日，委员会通过决议，满贯总会改名为"美国总会"（American Club），并在特拉华州（State of Delaware）提交注册申请。

1917 年 7 月 4 日，租借在南京路 33 号 A 座的美国总会会所正式对外开放。会所占据了国土开发银行（Bank of Territorial Development）大楼的一层和二层，安排布置了办公室、桌球房、棋牌室（图 55）和阅览室（图 56）。1922 年 8 月，美国总会已有近 1000 人的规模，总会买下靠近外滩的福州路（Foochow Road, 今福州路）23 号的一块土地，准备建立自己的根据地。

35. 何振模. 上海的美国人：社区形成与对革命的反应（1919 - 1928）. 张笑川, 张生, 唐艳香, 译. 上海：上海辞书出版社, 2014.

36. 同上。

37. W. A. Adams. American Club. Shanghai: Kelly and Walsh Ltd., 1921.

38. 何振模. 上海的美国人：社区形成与对革命的反应（1919-1928）. 张笑川, 张生, 唐艳香, 译. 上海：上海辞书出版社, 2014.

图 55 南京路 33 号的美国总会棋牌室历史场景

图片来源：W. A. Adams. American Club, Shanghai, China. Shanghai: Kelly and Walsh, Ltd., 1921.

图 56 南京路 33 号的美国总会阅览室历史场景

图片来源：同上

图 57 建筑师拉斯洛·邬达克像

图片来源：http://culture.ifeng.com/gundong/detail_2013_01/08/20941546_0.shtml.

图 58 美国总会会所外立面效果图

图片来源：卢卡·彭切里尼，尤利娅·切伊迪. 邬达克. 华霞虹，乔争月，译.

上海：同济大学出版社，2013.

　　美国总会于 1923 年 5 月 9 日向工部局递交建设申请，同年 5 月 23 日，会所动土开工[39]。1925 年 3 月 30 日，新会所正式投入使用。这座建筑由美国建筑师罗兰·克利（Roeland Curry）在上海开设的克里洋行设计，并恰巧成为后来闻名上海的著名匈牙利籍建筑师拉斯洛·邬达克（Laszlo.Hudec，图 57）的早期建筑代表作之一[40]。工程项目由中国鑫记营造厂承建。

　　建筑基地面积 916 平方米，由于用地有限，建筑师采取了向高处发展的设计对策。建筑包括半地下室共 8 层，建筑面积约 6750 平方米，外观为典型的北美乔治亚风格（图 58）。外墙铺饰美国进口的赭石色面砖，白色灰浆勾缝，白色大理石勾勒线脚——这是邬达克早期对建筑外饰面的设计探索。整幢建筑轮廓清晰，庄重而富于变化，立面竖向三段式构图。建筑首层与半地下层以入口为中心，体量局部稍外突，上设白色腰檐。入口前设面阔三间的浅门廊，四根塔司干柱式强健挺拔。腰檐上为落地长窗，外有铸铁花式栏杆，窗楣为两层——平券状楣饰上方再设带有白色拱心石的半圆形假券。立面三至五层窗为长方形，窗口上方有平券状楣饰。立面六层为帕拉蒂奥母题的白色大理石双壁柱券窗，上方出挑檐口。顶层建筑体量退让出屋顶平台，外设白色宝瓶状护栏。

　　美国总会会所采用钢筋混凝土结构，筏式基础，这是妥善应对上海外滩一带软土层地基的结构策略。建筑室内的底层地坪比室外地坪稍高，通过上行的三步台阶进入门厅[41]。门厅通高两层，两侧对称的白色大理石弧形楼梯直通上一层大厅平台，铸铁栏杆花饰精美，楼梯侧墙装饰白色浅壁柱和假券门洞，与地面铺设的米色大理石相映成趣。大厅平台下是券形门洞，用意大利大理石装饰，内设理发室、保龄球室、乒乓球室、土耳其浴室和锅炉房。

　　一楼大厅处于平面的核心位置，空间左右对称。大厅东侧为两部电梯，楼梯围绕电梯设置；大厅西侧是盥洗室，与北侧的衣帽间相连，与衣帽间对称布局的是服务间；北侧墙面设壁炉；壁炉后两侧分别是台球厅和酒吧间。台球厅宽敞明亮，可以安放六张台球桌，西面的五扇落地大窗外凸于墙面。酒吧间的吧台南北布置，正对着五扇落地大窗及室外的长廊。酒吧间的南面是服务楼梯、货运电梯以及一间服务用房（图 59）。

39. 上海市城建档案馆档案。

40. 拉斯洛·邬达克是一位对上海近代建筑影响很大的建筑师。他 1893 年生于奥匈帝国北部地区的拜斯泰采巴尼亚（Besztercebanya，今斯洛伐克境内）的一个建筑世家，1914 年毕业于布达佩斯的匈牙利皇家约瑟夫理工大学（Hungarian Royal Joseph Technical University，1949 年后改称"布达佩斯理工大学"）建筑系，1916 年成为匈牙利皇家建筑学会会员。1918 年，邬达克来到上海，在克利洋行工作期间，设计并督建了美国总会会所。1924 年底，邬达克独立开业承揽建筑设计。

41. 由于地基沉降和街道地坪抬高，现在的首层地坪比初建成时低了许多，需要下 3 步台阶才能到达。

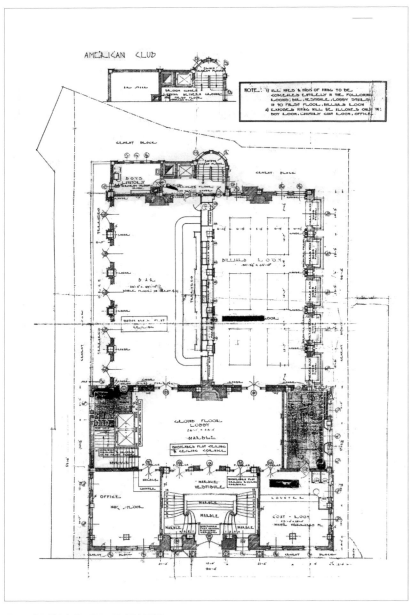

图 59　美国总会会所一层平面图（历史图纸）
图片来源：上海市城市建设档案馆

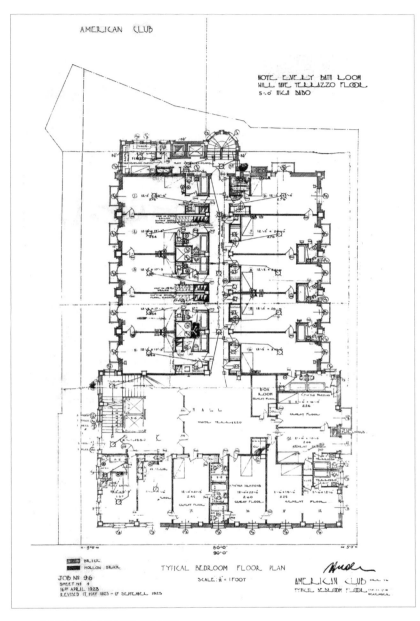

图 60　美国总会会所客房层平面图（历史图纸）
图片来源：同上

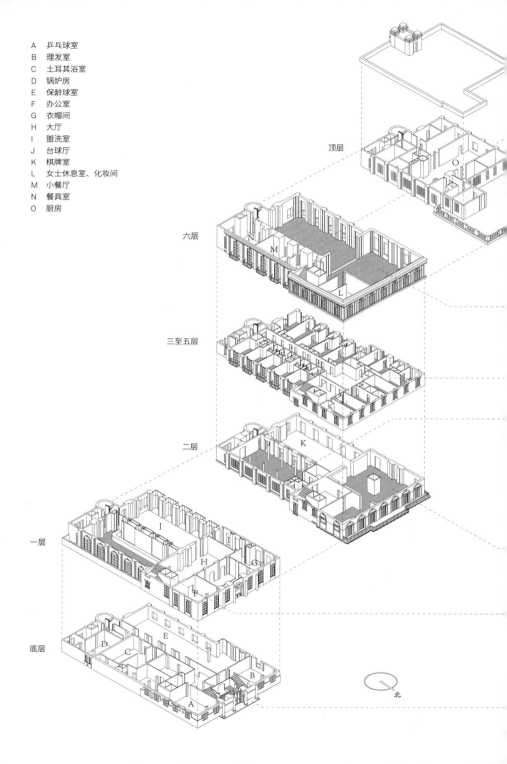

A　乒乓球室
B　理发室
C　土耳其浴室
D　锅炉房
E　保龄球室
F　办公室
G　衣帽间
H　大厅
I　盥洗室
J　台球厅
K　棋牌室
L　女士休息室、化妆间
M　小餐厅
N　餐具室
O　厨房

顶层

六层

三至五层

二层

一层

底层

北

① 宴会厅（历史照片）

② 接待大厅（历史照片）

③ 客房（历史照片）

④ 麻将室（历史照片）

⑤ 图书馆（历史照片）

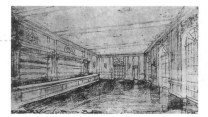

⑥ 酒吧间（设计草图）

⑦ 门厅（现状照片）

图 61　美国总会会所内举办婚礼的历史场景
图片来源：North -China Daily News, 1939-04-01.

　　二楼正对垂直交通厅的是图书馆，内部设阅读室。图书馆的南面是棋牌室以及一间具有浓郁中国风情的麻将室：中式图案的天花吊顶，木柱和雀替，六边形的中式灯笼，雕花的木质桌椅。

　　三至五楼是客房，每层设置 13 个标准间和 2 个豪华套间。每个房间均配备带有浴缸的独立式卫生间，有些房间还有室外小阳台（图 60）。许多独居上海的会员会常年在美国总会的客房居住，近代上海著名的英文报纸《密勒氏评论报》（*China Weekly Review*）的主编鲍惠尔（J. B. Powell）也曾是其中一员。

　　六楼的宴会厅是整幢建筑中面积最大的房间，东面与一间小餐厅和两间服务用房连接。宴会厅的北面是一间接近方形的接待大厅，是整幢建筑中空间高度最高的房间。接待厅与宴会厅间采用灵活隔断，空间可分可合，方便举办会议、舞会或者大型宴会等。接待大厅的一角贴心地设置了女士休息室、盥洗室与化妆间。在 20 世纪二三十年代的《字林西报》中，常有美国总会宴会大厅举办各种聚会和婚宴活动的报道（图 61）。

　　美国总会会所内的设备相当先进，大多从美国进口，包括水暖系统、通风系统以及冷藏、冷冻系统。在会所底层安装有自动温控系统的蒸汽锅炉，不仅能为客房

42. American Club' s New Building. North-China Daily News, 1925-03-31.
43. "邬达克在上海"展览周末开幕. 东方早报 , 2008-06-11.

提供洗浴的热水，保证冬季供暖，而且还能为底层的特色土耳其浴室和理发店提供蒸汽与热水供应。通风是这座大楼设计中特别关注的问题，所有公共房间内的污浊空气会通过顶层的排气扇排除。另外，除厨房、烘焙室、储藏室均设冷藏、冷冻设备外，每个楼层还设置独立的饮用水（cold water）供应系统[42]。

太平洋战争的爆发导致美国总会会所关闭。第二次世界大战结束后，这栋大楼曾作为美军俱乐部，后又归还美国总会。自 1949 年始，美国侨民相继离开上海，总会会所产权由中国政府买入，1953 年起作为上海市高级人民法院和中级人民法院办公楼，俗称"高法大楼"。1991 年，高、中级法院迁至他处。2008 年，上海市规划局与匈牙利驻上海总领事馆在这栋大楼里举办了题为"建筑华彩——邬达克在上海"的相关图片与档案资料的展览[43]。

上海划船总会 (Shanghai Rowing Club)

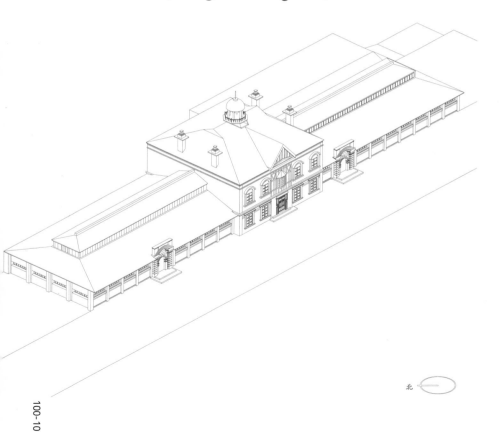

北

上海开埠几年之后，黄浦江上陆续出现与划船、赛艇和帆船相关的运动与赛事（图62）。1860 年前后，上海划船总会（Shanghai Rowing Club）成立。

划船总会在成立之初并没有固定的活动空间，每年春秋的比赛在黄浦江浦东一侧举行。1863 年，划船总会在上海运动事业基金会 1400 两银的资助下[44]，于 1865 年前后在韦尔斯桥[45]以西修建了上海第一座用来存放船只的船室，非常简陋，属于席棚（Mat Shed）的形式，后被拆除。1867 年，划船总会在诺门路（Gnaomen Road，今香港路）的尽端修建了第二座船室，内部设有更衣室[46]。由于船室位于苏州河下游靠近黄浦江的河口附近，被称为"下船室"（Lower Boathouse），上海人习称为"下舰板厂"。1870 年，为了开发苏州河上游的赛船路线，划船总会决定在苏州河的上游地段距广东香楼 (Canton Joss House)140 码（约 128 米）的地方建造一座船室[47]，称为"上船室"（Upper Boathouse），上海人习称为"上舰板厂"。1872 年春季，划船比赛如期举行，当年 5 月 15 日的《申报》记载："今日西人于江面至浦东祥生码头一带斗使舢板。其船身小者仅阔二尺余而花样不同，五彩相杂。有一人打桨者，有四人鼓权者：逐风逐浪，捷如飞凫，出没烟涛，惊心动魄。并有八人共驾一舟者，则旗角搴霞，桨牙激雨，尤为奇变灵幻。视前古之嬉水操，有过之无不及也。八人者须四点半钟方出江斗驶云。"[48] 同年秋天，比赛移至苏州河中进行[49]。1873 年，划船总会在收到限时搬离的通知后于 1874—1875 年在第一座下船室略向西的位置修建了第三座下船室，由英国建筑师约翰·梅里·克里[50]（John Myrie Cory）设计。

图 62 上海开埠之初有关外滩的油画作品，从中可见外滩西侧的建筑均为二三层的大楼，且风格大多为外廊式
图片来源：上海图书馆.老上海：体坛回眸卷.上海：上海文化出版社，2010.

44. 上海市档案馆.运动事业基金会 1863 年历史档案.
45. 建于 1856 年，位置在苏州河和黄浦江的交汇处，今外白渡桥西侧，1873 年被工部局拆除。
46. The Rowing Club. The North-China Herald and Market Report, 1867-05-23.
47. No title. North-China Daily News, 1870-02-24.
48. 跑船跑人.申报, 1872-05-15.（原文无断句，此次引文按现代语法断句）
49. 跑船小记.申报, 1872-10-28.
50. 约翰·梅里·克里在剑桥大学接受教育，19 世纪 60 年代来到上海，进入建筑师基德纳（William Kidner）的事务所。1893 年，他在设计并督建上海圣三一教堂（Trinity Cathedral）的四方形平面、尖锥形屋顶的钟塔后不久，离世。

图 63　建于 1874—1875 年的第三座下船室

图片来源：http://www.virtualshanghai.net/Asset/Preview/dbImage_ID-33126_No-01.jpeg .

图 64　第三座下船室，其对面为联合教堂

图片来源：网络，出处不详

船室规模很小，木结构（图 63，图 64），1876 年在其中增建了浴室[51]。1877 年，划船总会建造了第二座上船室，位置在苏州河上游的麦根路（Markham Road，今石门二路北段、康定东路附近），总费用已超过 2000 两银[52]。每当有赛事，苏州河岸两侧密布搭建的观赛棚屋，场面颇为热闹。由于苏州河宽度与容量有限，比赛时，不得不中断正常航运，于是，1897 年，划船比赛的场地又改回黄浦江。上船室在地理位置上失去其使用价值后于 1901 年被转卖[53]。1903 年，划船总会计划在苏州河南岸、外滩源联合教堂对面原第一座下船室的旁边修建新的划船总会船室及会所，并很快获得批准。

新建总会会所包括三部分：船室、会所用房、游泳馆，其中船室和会所用房与划船总会的活动直接相关，当时最低建造预算为 2.2 万两银，计划筹款 3 万两银；游泳馆是联合教会认为"对公众更为有利"而提议建造的，其建造预算为 1.7 万两银，计划筹款 2 万两银[54]。划船总会会所由当时著名的建筑事务所英商玛礼逊洋行（Merrison. Cratton & Scott）[55] 设计，建设施工分段进行。1904 年 9 月 29 日，先行建设的船室和会所用房开张（图 65），《北华捷报》报道："下午两点钟，俱乐部的负责人麦克尼尔（Mcneill）先生走上会所前的台阶，向来宾致欢迎辞和贺词，然后接过建筑师斯科特（Scott）递上的银质钥匙打开会所大门，宣布建筑投入使用……来宾涌入规模巨大的船室空间，大声赞叹空间的宽敞与明亮，赞叹充足的船位和通向码头的宽阔浮桥。麦克尼尔招呼来宾，祝酒、致感谢词。感谢英领事馆、港务部门、工部局和联合教会，最后拍照留念。"[56] 第二期游泳馆建设于 1905 年 7 月告捷[57]。

整幢建筑占地面积约为 1446.5 平方米，建筑面积为 1928 平方米，主入口设在南苏州路上。位于建筑中部的会所用房、西翼的游泳馆，以及东翼的船室内部相互连通，但各自设独立出入口（图 66）。会所用房为砖混结构，底层除了入口门厅和楼梯间外，

51.Shanghai Rowing Club. North -China Daily News, 1876-04-03.

52.North-China Daily News, 1877-03-28.

53.No Title.The Shanghai Rowing Club. The North-China Herald and Supreme Court & Consular Gazette, 1901-04-17.

54.The Shanghai Rowing Club. North-China Daily News, 1903-02-27.

55. 玛礼逊洋行是上海最早的一个大规模的建筑设计事务所，由英国工程师玛礼逊（Gabriel James Morrison）和英国皇家建筑师协会（RIBA）成员格兰顿（F. M. Gratton）于 1885 年合伙组建。玛礼逊是当时上海工程界的著名人物，设计了中国第一条铁路——吴淞铁路，曾被选为上海公共租界工部局副总董（1886—1888）。1902 年以后，玛礼逊洋行由斯科特（Wailer Scott）主持。斯科特出生于加尔各答，在英国唐顿的卫斯理学院接受教育，后成为皇家建筑师协会准会员，他 1889 年来到中国，担任玛礼逊洋行的工程助理，最终成为事务所合伙人，事务所名称也随之改为 "Merrison. Cratton & Scott"，1907 年，更名为 "Walter Scott"。上海的汇中饭店、怡和洋行新楼、惠罗公司大楼以及划船总会大楼都是该洋行的设计作品。

56.The Shanghai Rowing Club. North-China Herald and Supreme Court and Consular Gazette, 1904-09-30.

57. The Rowing Club Swimming Bath. North-China Herald and Supreme Court and Consular Gazette, 1905-07-21.

图 65　划船总会会所开业场景
图片来源：Social Shanghai, 1908(6).

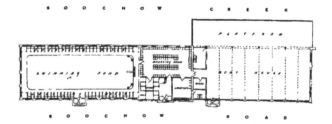

图 66　划船总会会所一层平面图
图片来源：王方：外滩原英领馆街区及其建筑的时空变迁研究 (1843—1937), 同济大学博士论文 , 2007.

图 67　划船总会会所在苏州河一侧码头历史场景
图片来源：http://blog.sina.com.cn/s/blog_487145f701017m12.html.

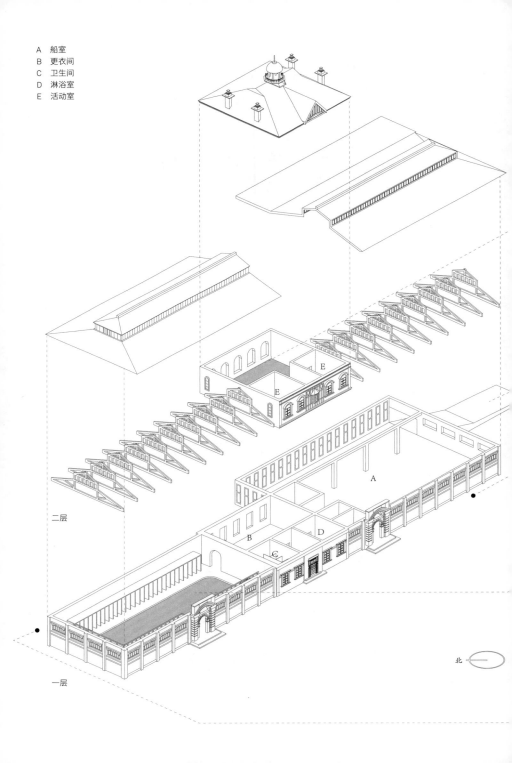

A 船室
B 更衣间
C 卫生间
D 淋浴室
E 活动室

二层

一层

A

B
C
D

E
E

北

① 赛后颁奖仪式（历史照片）

② 沿街立面（历史照片）

沿着木板桥，船只可被
方便地拖入苏州河中

③ 游泳池内景（历史照片）

④ 游泳池一侧与新天安堂（历史照片）

还设有为游泳池服务的更衣室、淋浴房等，二层设接待厅和活动室。东西两翼均为单层，采用跨度为 15 米的木屋架框架结构体系。游泳馆内设四条泳道的泳池，南北两侧设置小更衣间（dressing boxes），这是中国近代史上第一个（室内）游泳馆。木屋架下船室主体的北侧扩展出一单层平屋顶空间，用以连接直通码头的木板桥（图 67），船室西侧设储藏室和通往会所屋顶平台的楼梯。

划船总会会所为折中主义风格，略带巴洛克装饰，红褐色清水砖墙。临街主立面二层及顶部稍稍突出墙面，用白色和褐色的木条装饰，底层为方形门窗，二层为拱券形窗，均配以灰色窗套。游泳馆与船室设通长拱券形高窗，拱券形门洞上方有巴洛克风格的断裂弧形山花。屋顶为四坡屋面（图 68）。

划船总会会员人数被限定在 300 人，会员们可以在会所存放船只、游泳、沐浴，以及举办各种聚会。从 1906 年起，游泳馆开始承办每年夏季的上海"游泳节"活动。游泳节比赛期间，游泳馆对外出售入场券，并在泳池周边布置观看席；整个会所张灯结彩；中部二楼的接待室向观众开放，提供点心、冰块和茶水，而这间接待室还兼做赛后举行颁奖仪式的会场。划船总会会所空间在会员专属与公众共享间的转换，扩展了其空间的使用性质与影响力。

划船总会的建立使上海近代的水上运动如虎添翼，除划船比赛外又新添了皮划艇、摩托艇等多项训练和比赛，会所内几乎每天都有运动队往来，甚至在码头出现了不得不排队上下的繁忙景象。从 1906 年秋季开始，上海秋季的水上大赛都移至昆山河段（Quinsan Reach）举行[58]，其主要赛项有国际四人赛和八人赛、"宝顺洋行挑战杯"四人赛、单人双桨锦标赛、初级单人双桨赛、新手四人赛和高级八人赛等（图 69）。

随着昆山河段成为上海水上重大赛事主赛场，划船总会会所的船室日渐闲置。1932 年或更早，船室被改造成健身房，重大节日变身为舞厅[59]。1938 年 12 月 17 日，划船总会举办了 75 周年纪念庆祝活动。自此，健身房被彻底改造成一流舞厅，游泳馆部分被改造为射击场，中部二楼被用作餐厅[60]。1939 年，健身房增设夹层，变身为两个新的壁球房[61]。

1989 年，由于吴淞路闸桥的建设，划船总会船室被拆除。会所西部原游泳馆一度被改建为"黄浦游泳俱乐部"，后被改建为平屋顶的网球馆；中部原会所用房被

58. No title. North-China Daily News, 1906-08-23.

59. New Year Dance at Rowing Club. North-China Daily News, 1932-12-24.

60. Jubilee Affair at Rowing Club. North-China Daily News, 1938-12-17.

61. Seven Interesting Squash Matches. North-China Daily News, 1939-10-12.

图 68　划船总会与外白渡桥历史场景
图片来源：https://www.virtualshanghai.net/Photos/Images?ID=25299.

图 69　划船总会八人赛历史场景
图片来源：The North—China Sunday News Magazine
Supplement, 1936—06—07.

图 70　正被拆除的划船总会会所
图片来源：http://www.360doc.com/conte
nt/14/0509/21/5675888_376213157.shtml.

图 71　原划船总会会所（现状），昔日的泳道变成了绿
地，依稀可见往日大致的空间形态
图片来源：作者拍摄 (2017)

加建至四层。2009年，外滩源整体改造，面对多方"抢救城市文化遗产"的强烈呼吁，划船总会会所这一百年地标性建筑中部的两层结构骨架才有幸存留下来（图70），其他部分均被拆除。经过后期整体性规划设计，会所用房与游泳馆入口被原样重建，原四条泳道的历史痕迹也被转换成条状分割的中心绿地，成为现代公共活动场地中的别样景观焦点（图71）。

日本人俱乐部（Japanese Club）

近代上海吴淞路一带一度是公共租界中日本侨民的聚居地。1894年，日本发动"甲午战争"，不义之战加剧了中国社会半殖民地化的程度，引发大量日本人蜂拥进入中国。据史料统计，1900年，进驻上海的日本侨民为1172人，1910年为7682人，1920年为14 520人，1930年上升到24 207人——30年间增加了20倍有余[62]。

早在1890年12月，日本领事馆曾召集会议，明确俱乐部应是上海日侨中的"绅士团体"，其宗旨为"团结一致、维持体面"，当时所谓的俱乐部活动仅限于单纯的"恳亲会"，之后中断。《字林西报行名录》对日本侨民俱乐部的最早记载是1902年成立的"日本草地网球俱乐部"（Japanese Lawn Tennis Club）。1903年，在虹口南浔路一栋租借的房子里，一个新的日本侨民俱乐部组织——"葵卯会"成立；同年，几名在上海的日本帝国大学校友在虹口的乍浦路成立了"赤门俱乐部"。1904年，赤门俱乐部与葵卯会合并成为"日本人俱乐部"（Nihonjin Club），会所设在文监师路（Boone Road，今塘沽路）上。1906年，一些日本企业主联合成立"上海实业俱乐部"（Shanghai Jitsugio Club）。上述两家俱乐部不仅组织团体聚会和体育活动，还与日本领事馆共同建立了"日本人居留民团"，负责管理一所学校，举办各种慈善活动[63]。1908年，两家俱乐部再次合并为"日本人俱乐部"（Japanese Club，会所设在东本愿寺中）。1912年1月26日，经日本外务大臣许可，日本人俱乐部作为财团法人筹款建造俱乐部大楼。花费44 000两银购买位于文监师路、吴淞路西侧的一块土地（地址是文监师路20号，Boone Road，今塘沽路309号），花费60 000两银作为俱乐部大楼的土建费用，花费30 000两银用于室内装修和家具采买。俱乐部大楼于1913年2月开工，次年3月14日建成开业，占地面积

62. 熊月之，马学强，晏可佳. 上海的外国人（1842-1949）. 上海：上海古籍出版社，2003.
63. Robert Bickers, Christian Henriot. New frontiers: Imperialism's new communities in East Asia 1842-1953. United Kingdom: Manchester University Press, 2000.

2660 平方米，建筑师为毕业于日本工部大学造家学科（今日本东京大学建筑系）的福井房一（Fukui，1869—1937）[64]。

日本人俱乐部大楼为四层砖木石混合结构，呈现出日本明治维新后建筑西化的设计倾向与风格。主立面横五段、纵三段，左右对称，建筑两端前突体量上设置入口。墙面红砖砌筑，辅以白粉勾缝，檐口及门框洞口等重点部位使用白色石材，红白对比强烈，是日本当时西式建筑特有的处理手法。建筑一二层之间和三四层之间分别饰以腰线，强调建筑纵向的三段构图。立面的中部、端部和整个檐部是装饰的重点。底层窗户为券形，中部三层高的券窗分两段处理，白色大理石花饰与半圆拱窗相组合，上覆拱心石，左右两侧各有一圆形窗洞，装饰繁复（图 72，图 73）。

这座建筑不仅排布了俱乐部的活动空间，还为一些日本社会组织或机构设置了活动场所。建筑底层入口空间开阔，内部的楼梯宽敞平缓，接待大厅一侧设酒吧间，豪华气派的弹子房拥有 16 张美式台球桌和 2 张英式台球桌，此外另有厨房与若干间办公室；建筑二层设接待厅、会客室、休息室、图书室、棋牌室、西餐厅、理发室和浴室，东部一个长长的阳台能够俯瞰室外花园（图 74）及网球场；建筑三层为剧场，兼作活动和宴会大厅，可容纳 300～400 人同时就餐；建筑四层设 8 间西式套房与 4 间日式标准房[65]。日本人俱乐部成为日侨在上海最重要的社交场所，俱乐部举行的大型活动主要有社交宴会、戏剧、音乐会及画展，等等。例如，1914 年 5 月 6 日，日本"近代资本主义之父"涩泽荣一及其随行十人访问上海，日本领事馆在俱乐部设宴款待，并邀请上海镇守使郑汝成、警察督办萨镇冰等参加。1917 年 9 月 22 日，俱乐部举办日本画家高桥哲夫画展。由于设置了社会组织与机构的活动场所，一些与政治、经济相关的重要会议也会在日本人俱乐部中召开。

上海另外两个重要的日侨俱乐部是：1919 年成立的江湾乡村俱乐部（Kiangwan Country Club）[66] 与 1936 年 8 月 27 日其俱乐部大楼在江湾建成开业的日本海军军官俱乐部（Japanese Naval Officers Club）[67]（图 75）。

抗日战争胜利后，日本人俱乐部大楼作为"敌产"被上海市政府接管。新中国成立后，该建筑曾作为虹口区人民政府的机关办公楼，后划拨给上海浦江电表厂使用，最终于 20 世纪 90 年代被拆除。

64. A New Japanese Club. North-China Daily News, 1914-02-20.

65. 同上。

66. 该俱乐部在江湾路（Kiangwan Road，今东江湾路）新公园东北部开设了一个面积约 33 亩（约 22 000 平方米）的高尔夫球场。

67. Japanese Naval Officers Club. North-China Daily News, 1936-08-28.

图 72　日本人俱乐部大楼立面图
图片来源：伍江．上海百年建筑史 (1840—1949)．上海：同济大学出版社，2008.

图 73　日本人俱乐部大楼历史场景
图片来源：上海图书馆．老上海：外侨辨踪卷．上海：上海文化出版社，2010.

图 74　日本人俱乐部花园历史场景
图片来源：沈万．日本人俱乐部 // 上海历史博物馆．都会
遗踪：第一辑．上海：学林出版社，2011.

图 75　日本海军军官俱乐部大楼历史场景
图片来源：Japanese Naval Officers Club. North-China Daily
News, 1936-08-28.

瑞士总会 (Swiss Club)

鸦片战争后，西方列强逼迫中国清政府签订了一系列不平等条约，甚至在 19 世纪 40 年代至 20 世纪 20 年代，共有"19 国"陆续通过与清政府签订"最惠国"条款获得了在华领事裁判权，瑞士就是其中之一。当时，瑞士在华贸易主要有化工产品、机械、钟表、丝料、染料、科学仪器、医疗药品，等等，来到上海的瑞士侨民也以商人为主。在公共租界生活的瑞士侨民，1865 年人数共计 22 人，1900 年人数为 37 人，1925 年人数增加到 131 人；在法租界生活的瑞士侨民，1910 年人数为 7 人，1925 年人数为 76 人，1936 年人数增加到 119 人 [68]。

打靶运动是瑞士侨民的传统娱乐项目，1911 年 8 月，"瑞士洋枪打靶会"（Swiss Rifle Club）在上海成立。最初的打靶会会员只有 13 人，全部为男性。1913 年的打靶会会所地址是九江路（Kiukiang Road，今九江路）16 号 [69]。

1921 年 10 月 30 日，在吕西纳路（Lucerne Road，今利西路）21 号，瑞士洋枪打靶会新会所建成开业，几乎所有的在沪瑞士侨民都赶来参加开幕式 [70]。吕西纳路于 1912 年被拓宽，紧挨着刚刚开通的大西路（Great Western Road，今延安西路），环境清幽、交通便利，而路名"Lucerne"正取自瑞士一座风光秀丽的城市——卢塞恩。

新会所由土木工程师卡尔·卢西（Carl Luthy）设计。这是一幢占地面积不大的两层小楼，底层开阔，入口处有宽敞的门廊（图 76）。底层大厅宽敞明亮，用于举办舞会和各种集会活动；二楼设有秘书办公室、更衣室等。小楼后面设有一个 25 码（约 22.85 米）的左轮手枪射击场、保龄球场，以及两个网球场。

瑞士洋枪打靶会举办的最有影响力的活动是义卖会和国庆会。1929 年 10 月举办义卖会时，会所草坪上插满各色旗帜，妇女、儿童穿着瑞士传统服装，白天义卖自己做的针线活或者小手工艺品，晚上则在草坪上举行舞会，演说和自助晚餐 [71]。1930 年 3 月 8 日，瑞士洋枪打靶会正式更名为"瑞士总会"（Swiss Club）[72]。每年的 8 月 1 日是瑞士国庆节，也是瑞士总会一年一度的盛会（图 77）。作为国庆会一大热点的年度射击比赛按照惯例提前一周举行，以便在瑞士总会国庆活动这一天举行颁奖仪式，"昨日为瑞士国庆纪念日。旅沪该国官侨一律休假庆祝。该国驻华代办兼总领事拉戴氏夫妇（Etienne Lardy）特于昨日下午五时至七时在霞飞路一四九六号

---

68. 邹依仁 . 旧上海人口变迁的研究 . 上海：上海人民出版社，1980.
69. Swiss Rifle Club. The North China Desk Hong List, 1913-07.
70. The Swiss Club. North-China Daily News, 1921-10-31.
71. Swiss Rifle Club Fete. North-China Daily News, 1929-10-14.
72. From Day to Day. North-China Daily News, 1930-03-10.

图 76 瑞士洋枪打靶会会所历史场景
图片来源：包中．上海瑞士总会 // 上海市历史博物馆．都会遗踪：第十五辑．上海：
学林出版社，2014.

图 77 1931 年瑞士总会国庆节庆祝活动的历史场景
图片来源：North-China Daily News, 1931-08-01.

领馆新址设盛大茶会，招待全沪该国侨民。茶会毕，接速于七时起在沪西吕西纳路瑞士总会举行聚餐舞会，同时发给上星期日在虹口公园靶子场举行之瑞士侨民射击比赛优胜者奖品云"[73]。

　　太平洋战争爆发后，由于瑞士的中立国身份，上海瑞士总会没有受到影响，活动如常。新中国成立后，瑞士人社区逐渐在上海消失，据史料记载，1951 年，滞留在上海的瑞士侨民只有 22 名男性，13 名妇女和 2 名儿童[74]。同年，上海兽药厂进驻瑞士总会会所。由于史料缺失，瑞士总会会所被拆除的具体年代与原因不详。

跑马总会 (Shanghai Race Club) 及公共运动场

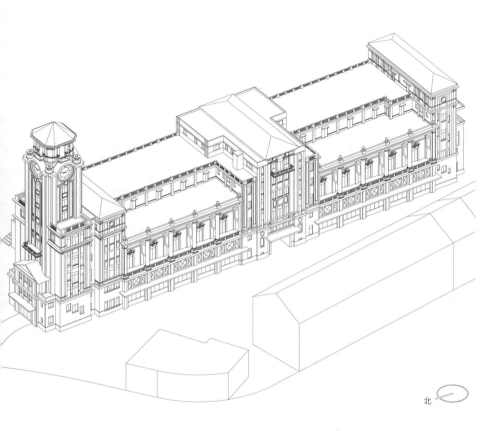

北

作为上海开埠后建立的首个外侨俱乐部团体，跑马总会在上海建设了首幢总会会所与公共体育运动场，而 1863 年落成开业的跑马厅及其公共运动场区域到 19 世纪末又增添了游泳总会会所和高尔夫总会会所，及至 20 世纪初，在跑马厅北部又陆续建成了新的板球总会会所（图 78）与体育总会会所。

20 世纪 10 年代，跑马场西侧的跑马总会会所已经发展得颇具规模。自 19 世纪 70 年代后期开设赛马彩票以来，每逢马赛期间，跑马场内外沸反盈天（图 79），即使在场外"是日观者上自士夫，下及负贩，肩摩踵接，后至者几无置足处；至于油壁香车、侍儿娇倚者，则皆南朝金粉、北里胭脂也……"[75]1909 年，跑马总会看到

---

75. 葛元煦. 沪游杂记. 郑祖安, 标点. 上海：上海书店出版社, 2009.

图 78 建于 20 世纪初的板球总会会所历史场景
图片来源：夏伯铭. 上海 1908. 上海：复旦大学出版社，2011.

了巨大的敛财商机，一改之前禁止华人入内的规定，统一出售马票，合并场内外，修筑围墙，增建看台，同时大力开办博彩业，使跑马场日渐成为臭名昭著的"烧金窟"。1919 年，跑马总会决议建设新会所和相关附属建筑。为了不影响每年两季跑马比赛的正常进行和跑马总会的经济收入，建造工作分几步完成：1925 年，独立于新会所选址南侧的新赛马看台落成，屋顶采用全钢架结构；1932 年，重要附属用房完工（图80）；同年，总会新会所设计定案；1933 年 4 月 22 日，跑马总会提交请照单[76]；1933 年 5 月 20 日，新会所施工奠基[77]。1934 年 2 月 23 日，跑马总会新会所竣工，2月 28 号正式开业[78]。

跑马总会新会所的建设造价高达 200 万两银，占地面积 8900 平方米，建筑面积21 000 平方米。新会所主体高 5 层，建筑北端入口处设钟楼，高 63 米。整座建筑位于跑马场西侧，沿南北向一字形展开，钢筋混凝土结构，新古典主义风格，兼具折中主义的建筑特征（图81），比例均衡，装饰繁简得当。建筑外墙用咖啡色面砖与乳白色石块交砌，西侧立面饰以贯通两层高度的类塔司干柱式，气度恢弘，建筑东

76. 上海市城建档案馆档案。
77. Laying Of New Race Club Foundation Stone. North-China Daily News, 1933-05-21.
78. Completion Of The Shanghai Race Club's Building Scheme. North-China Daily New, 1934-02-28.

图 79　19 世纪末观看跑马比赛的华人
图片来源：上海图书馆．老上海：建筑寻梦卷．上海：上海文化出版社，2010.

图 80　跑马总会旧会所、钟楼及附属用房
图片来源：上海图书馆．老上海：体坛回眸卷．上海：上海文化出版社，2010.

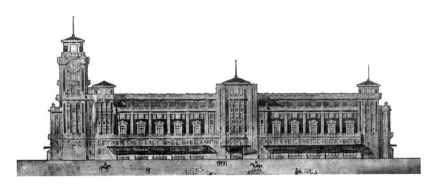

图 81　跑马总会新会所西立面渲染图（历史图纸）
图片来源：North-China Daily News, 1933-06-04.

侧设大型露天赛马看台。当时的宣传媒体为之慨叹，"堪称当时世界最大的公共看台和最大的跑马俱乐部"[79]。

新会所底部空间根据使用者的身份——会员与非会员划分为南北两部分：北部供跑马总会的会员使用，南部供非会员使用。两部分各设单独出入口，北部出入口对应的是建筑视觉与形制的制高点——钟楼，一部大理石楼梯直通塔顶。由于马房位于大楼西侧外的独立建筑内，一条醒目的入场赛马道横贯建筑底层，清楚界分会员与非会员使用空间的同时，形成了建筑南部与北部两个几近对称的博彩大厅和室外赛马看台（图82）。

博彩大厅空间高敞、装饰精美。大厅内夹层上设通长70米的保龄球室，内设2条英式球道和2条美式球道，进口枫木地板，保龄球室另有配套的酒吧和休息室[80]。

会所二层设咖啡厅与午餐厅，外连宽敞的半室外休息平台，休息平台也是赛马看台的最高处（图83）。会所三层和四层沿建筑东立面设私人观赛包厢，每个包厢内都设有完善的卫生设施，包厢外设观赛阳台（图84）。会所五层是高级套房、壁球室和屋顶平台。

跑马总会新会所由马海洋行的建筑师斯彭斯（Spence）和鲁宾逊（Robinson）设计（图85）。建筑师不仅设计了雄伟壮观的外部形象、宏大气派的内部空间、精致豪华的室内装饰，而且设计了周到合理的功能分区与交通流线，比如供女士使用的独立楼梯间、盥洗室与化妆间；供服务人员使用的隐蔽工作线路及其休息用房等。建筑结构工程师为卢西（C.E.Luthy）；同步电动时钟系统由工程师英尼斯（Innis）和里德尔（Riddle）负责；全楼配置的6部电梯由美国奥的斯公司（Otis Elevator Co.）设计安装；工程承建商为余洪记营造厂。跑马总会新会所采用了现代化的施工作业，工作效率极高：仅用两个星期的时间拆除旧会所，用六个月的时间完成新会所的土建工程，再用四个月的时间使建筑外立面及内部的装修告竣。

以跑马总会会所为核心的跑马厅及其公共运动场涉及了包括赛马在内的多种体育竞技运动以及各种大型集会、庆典等功能，有效带动地块周边商业与娱乐业的繁荣，成就了近代上海城市发展史中令人瞩目的建筑篇章（图86—图89）。

新中国成立后，跑马厅——全国闻名的"烧金窟"被关闭。1952年，跑马总会会所变身为上海市博物馆，公共运动场的北半部改建为人民公园，南半部改建为人民广场。1957年，原会所南边的附属建筑成为上海市体育宫的所在地。1959年，上海市博物馆迁出，原跑马总会会所变身为上海市图书馆。1989年，原跑马总会会所

79. Completion Of The Shanghai Race Club's Building Scheme. North-China Daily New, 1934-02-28.
80. 同上。

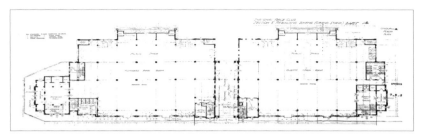

图 82　跑马总会底层平面（历史图纸）
图片来源：上海市城市建设档案馆.

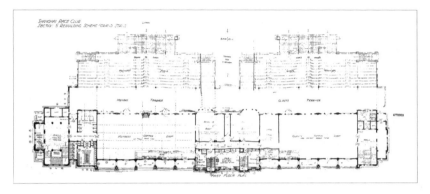

图 83　跑马总会二层平面（历史图纸）
图片来源：同上

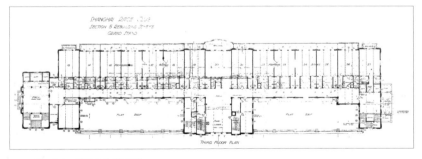

图 84　跑马总会三层平面（历史图纸）
图片来源：同上

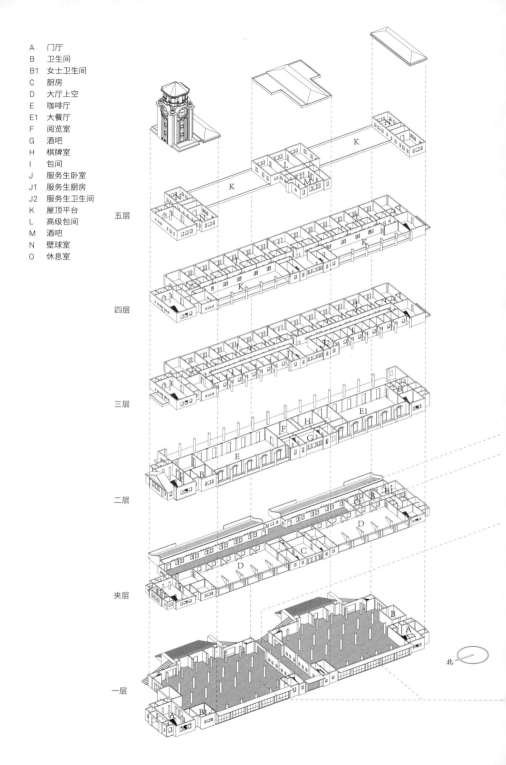

A 门厅
B 卫生间
B1 女士卫生间
C 厨房
D 大厅上空
E 咖啡厅
E1 大餐厅
F 阅览室
G 酒吧
H 棋牌室
I 包间
J 服务生卧室
J1 服务生厨房
J2 服务生卫生间
K 屋顶平台
L 高级包间
M 酒吧
N 壁球室
O 休息室

五层

四层

三层

二层

夹层

一层

北

① 看台（历史照片）

② 保龄球室（历史照片）

③ 底层通道（历史照片）

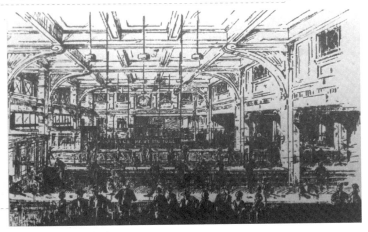
④ 大厅效果图（建筑师草图）

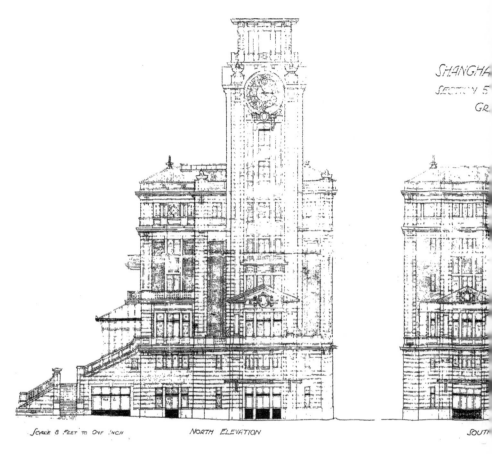

图 85　跑马总会会所立面图与剖面图（历史图纸）
图片来源：上海市城市建设档案馆

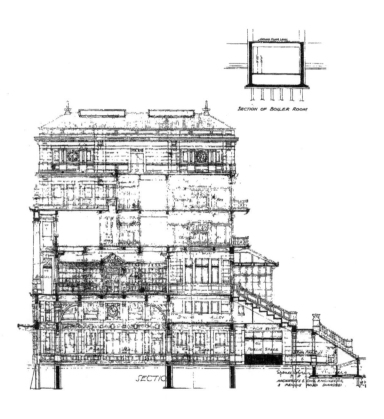

SECTION OF BOILER ROOM

SECTION

SPENCE, LYON & ...
ARCHITECTS & CIVIL ENGINEERS
5 PEKING ROAD SHANGHAI

图 86 万国商团（Shanghai Volunteer Corps）在跑马场举办勋章授予仪式
图片来源 : The North-China Herald and Supreme Court & Consular Gazette, 1938-07-27.

图 87 跑马总会马赛前准备历史场景
图片来源 : The North-China Sunday News Magazine Supplement, 1936-05-10.

图 88 明信片上的跑马总会会所及周边环境
图片来源：姚丽璇 . 美好城市的百年变迁：明信片上看上海（上）. 上海：上海大学出版社 , 2010.

图 89 20 世纪 30 年代末的跑马总会会所及周边环境
图片来源：上海图书馆

被评选为上海市优秀历史建筑。1996 年底，上海市图书馆在徐汇区淮海中路新址正式对外开放。1998 年，在上海市体育宫基址上拔地而起的上海大剧院正式对外开放。2000 年，原跑马总会会所变身为上海美术馆。2012 年，上海美术馆搬迁至世博园中华艺术宫。2018 年，原跑马总会会所变身为上海市历史博物馆。作为城市文化的重要地标性建筑，今天的上海市历史博物馆仿佛一位矍铄老人，怀揣风雨 85 年的沧桑经历，正由内至外、由浅及深地将上海的前世今生娓娓道来。

上海飘艇总会 (Shanghai Yacht Club)

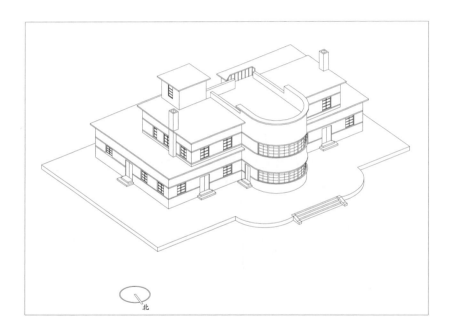

北

上海出现风帆赛艇运动大约是在 19 世纪 50 年代。1870 年 3 月 30 日，英侨正式成立上海飘艇总会（Shanghai Yacht Club）[81]，根据《字林西报行名录》记载，1916—1928 年，其总会设在北京路（Peking Road，今北京东路）码头；1929—1933 年，总会地址是仁记路 (Jinkee Road，今滇池路) 对面的 P.&O. 码头（图 90）。

风帆赛艇比赛分为 A 级和 B 级两类。风帆赛艇配备有主帆和三角帆，风帆凭借

———
81.Shanghai Yacht Club Regatta. The North-China Herald and Supreme Court & Consular Gazette, 1870-04-05.

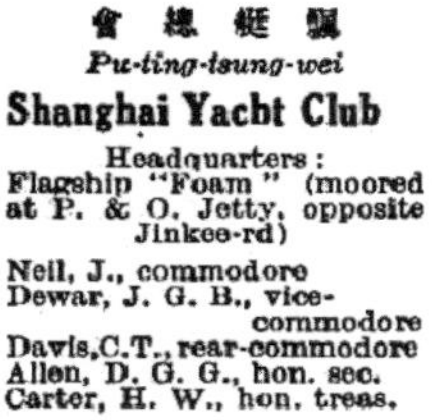

會 總 艇 飄
Pu-ting-tsung-wei
Shanghai Yacht Club
Headquarters:
Flagship "Foam" (moored at P. & O. Jetty, opposite Jinkee-rd)
Neil, J., commodore
Dewar, J. G. B., vice-commodore
Davis, C.T., rear-commodore
Allen, D. G. G., hon. sec.
Carter, H. W., hon. treas.

图 90 1930 年《字林西报行名录》中的相关信息
图片来源：The North China Desk Hong List, 1930(1).

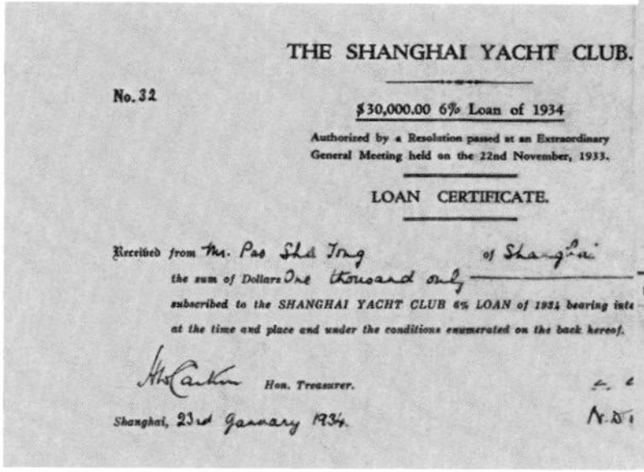

THE SHANGHAI YACHT CLUB.

No. 32

$30,000.00 6% Loan of 1934

Authorized by a Resolution passed at an Extraordinary General Meeting held on the 22nd November, 1933.

LOAN CERTIFICATE.

Received from Mr. Pao Shu Tong of Shanghai the sum of Dollars One thousand only subscribed to the SHANGHAI YACHT CLUB 6% LOAN of 1934 bearing inte[rest] at the time and place and under the conditions enumerated on the back hereof.

Hon. Treasurer.

Shanghai, 23rd January 1934.

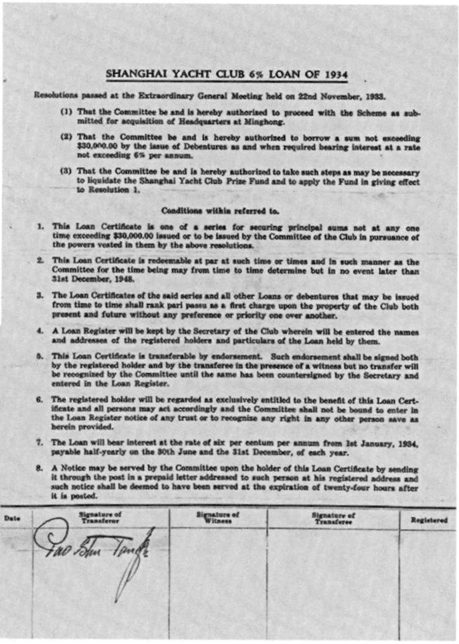

SHANGHAI YACHT CLUB 6% LOAN OF 1934

Resolutions passed at the Extraordinary General Meeting held on 22nd November, 1933.

(1) That the Committee be and is hereby authorized to proceed with the Scheme as submitted for acquisition of Headquarters at Minghong.

(2) That the Committee be and is hereby authorized to borrow a sum not exceeding $30,000.00 by the issue of Debentures as and when required bearing interest at a rate not exceeding 6% per annum.

(3) That the Committee be and is hereby authorized to take such steps as may be necessary to liquidate the Shanghai Yacht Club Prize Fund and to apply the Fund in giving effect to Resolution 1.

Conditions within referred to.

1. This Loan Certificate is one of a series for securing principal sums not at any one time exceeding $30,000.00 issued or to be issued by the Committee of the Club in pursuance of the powers vested in them by the above resolutions.
2. This Loan Certificate is redeemable at par at such time or times and in such manner as the Committee for the time being may from time to time determine but in no event later than 31st December, 1948.
3. The Loan Certificates of the said series and all other Loans or debentures that may be issued from time to time shall rank pari passu as a first charge upon the property of the Club both present and future without any preference or priority one over another.
4. A Loan Register will be kept by the Secretary of the Club wherein will be entered the names and addresses of the registered holders and particulars of the Loan held by them.
5. This Loan Certificate is transferable by endorsement. Such endorsement shall be signed both by the registered holder and by the transferee in the presence of a witness but no transfer will be recognized by the Committee until the same has been countersigned by the Secretary and entered in the Loan Register.
6. The registered holder will be regarded as exclusively entitled to the benefit of this Loan Certificate and all persons may act accordingly and the Committee shall not be bound to enter in the Loan Register notice of any trust or to recognize any right in any other person save as herein provided.
7. The Loan will bear interest at the rate of six per centum per annum from 1st January, 1934, payable half-yearly on the 30th June and the 31st December, of each year.
8. A Notice may be served by the Committee upon the holder of this Loan Certificate by sending it through the post in a prepaid letter addressed to such person at his registered address and such notice shall be deemed to have been served at the expiration of twenty-four hours after it is posted.

Date	Signature of Transferor	Signature of Witness	Signature of Transferee	Registered
	Pao Shu Tong			

图 91 1934 年上海飘艇总会发行的债券
图片来源：网络，出处不详

伸展方向捕捉和控制风量，船员通过技巧将风力转化为赛艇飞驰的动力。

1906年，飘艇总会约有会员140名，拥有一支约30艘船的船队，其中A级赛艇9艘，B级赛艇5艘，大型巡洋舰10艘，其他小型船只若干[82]。

飘艇总会在每年3—11月的每个周末于黄浦江中举行比赛。1880—1940年，《北华捷报》在这个时间段内几乎每周五都会对上一周的风帆赛艇赛事进行总结报道，1923年的《新闻报》也曾以“海面风浪险恶，项君冒险获冠军”为题，对一次华人会员夺冠的比赛进行了报道：“上星期日在吴淞口外作Fair Cup之锦标竞赛，此项大竞赛须绕行吴淞口外之最远浮筒，每年只举行一次，会员均极重视，故莫不抖擞精神，各显身手，兼之是日适有极猛烈之季候风，与赛之船，虽有危险，而兴致倍豪。九时由吴淞起赛，各船帆高悬，乘风破浪，疾若穿梭，出淞口后，波浪惊险，船身常在水中，第见片片白帆，飘扬海面，诚壮举也，竞赛结束，项君莲荪所驾驶之五号游艇，获得锦票，各西人会员竞相致贺，开吾华人帆船竞赛之记（纪）录，是日华会员出席竞赛者仅项君一人，而竟能力挫群雄，荣获冠军，亦足豪矣。”[83]

———

82. The Shanghai Yacht Club. Social Shanghai, 1907(4).
83. 无标题 . 新闻报 , 1923-07-08.

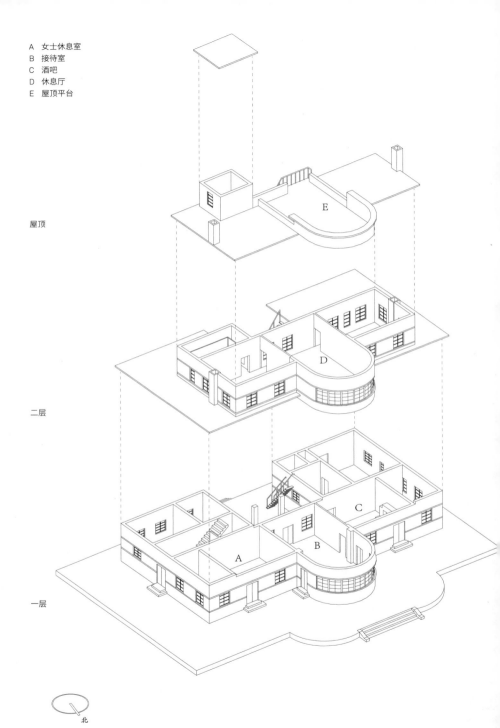

A 女士休息室
B 接待室
C 酒吧
D 休息厅
E 屋顶平台

屋顶

二层

一层

北

1934 年 1 月，飘艇总会发行债券筹款（图 91），在黄浦江对岸的闵行（Minghong）北部地段[84]建造飘艇总会会所。5 月，新会所建成，《字林西报》发文介绍该建筑（图 92）；时隔两个月，1934 年 7 月 8 日，会所举行开业仪式，《字林西报》在其开业第二天刊登了详细报道（图 93）："第一次开业仪式在清晨举行，现役的舰队成员聚集起来举行升旗仪式。海军准将作了简短的发言，在悬挂蓝旗时，游艇停泊在装饰整齐的船上。之后，第一场比赛就开始了……"

飘艇总会占地 17 亩（约 11 332.2 平方米），建筑面积 668 平方米，除会所外，还设有修船台和停靠码头[85]。会所是砖混结构，为现代建筑风格，北面临江，造型犹如一只即将出海的大船（图 94），虽然规模不大，但是视野开阔。一层主空间为接待室，透过弧形大窗可以尽情一览江上景色，是会员们的聚会场所，被昵称为"后甲板"（Quarterdeck）（图 95），此外，一层还设有女士休息室、酒吧、更衣室、办公室和餐厅等。会所第二层是会员休息以及储物的地方，其屋顶平台是观看江上比赛的最佳位置（图 96）。屋顶平台上竖立的旗标系统不仅用于比赛，而且用于指示风向、潮汐和航线[86]。飘艇总会会所的建立表明俱乐部实力的增强，为彰显实力，当年当季的赛事中，包括风帆赛艇以及后期购买的摩托艇在内的全系列船只尽数在江中亮相，一时轰动整个上海滩。

随着世界范围的连年战火，1941 年 11 月 23 日，在该年度风帆赛艇比赛闭幕巡航仪式上，船队队长对外宣布飘艇总会会所将被迫停用[87]。新中国成立后，飘艇总会会所被收归国有，分派给上海电机厂（后改称为"上海电气集团"）使用，建筑局部有改建，例如原屋顶简易的遮阳篷被封闭为独立的半圆形房间，其用材、用色皆与原建筑不同（图 97）。

如今，昔日飘艇总会会所已被闲置多年，其基址现归属奉贤区庄行镇邬桥社区浦秀村界内，北傍黄浦江，东靠竹港河，西、南均有黄浦江涵养林围绕，环境优美，地理位置独好（图 98）。2007 年，该建筑被列为"奉贤区文物保护单位"。2018 年，上海大学上海美术学院建筑系接受奉贤区规划局的委托，由王海松教授带领的学术团队进行了详细的现场踏勘和建筑测绘，原飘艇总会会所的清晰面目终于再次向世人展现。

84. 黄浦江闵行段是理想的航行水域，有许多其他俱乐部船队在其附近建立锚地。
85. Shanghai Yacht Club's New Headquarters. North-China Daily News, 1934-07-04.
86. 同上。
87. Closing Cruise of Shanghai Yacht Club: Laodahs' Race. North-China Daily News, 1941-11-25.

The Shanghai Yacht Club

It is anticipated that the new Club House of the Shanghai Yacht Club will be opened in another month. It is situated less than a mile above Minghong on the opposite bank of the Whangpoo and is the first permanent home that the Club has possessed. The Minghong Reach is an ideal sailing water, and a large number of the Club fleet is already making its permanent anchorage in the vicinity.

Yachts at Anchor in Minghong Reach.

The New Shanghai Yacht Club.

图 92 《字林西报》关于飘艇总会会所的报道
图片来源：North-China Daily News, 1934-05-27.

SHANGHAI YACHT CLUB'S JUBILEE REGATTA
"N.-C.D.N." Photos.

THE SHANGHAI YACHT CLUB'S NEW HEADQUARTERS   "N.C.D.N." Photo.
A photograph from the air showing the new club-house at Minghong opened yesterday, giving a good idea of the spacious grounds, with a private landing stage and a wide creek along one side of the property.

YACHT CLUB COMES ASHORE

Big Attendance at Opening of Minghong Headquarters: Some Exciting Racing

The formal opening of the Shanghai Yacht Club's new headquarters at Minghong attracted a large crowd yesterday and the function was regarded as most successful, with excellent sailing conditions to provide some thrilling racing. The main ceremony took place at noon when the Commodore, Mr. H. M. Mann, addressed a large gathering in the

main reception room, which has become familiarly known as the "Quarterdeck."
The building has been completed in a most attractive style, and the lawn was laid out with canvas marquee, where guests could watch the racing. Especially attractive was the starting deck at the top of the building and a large number took the opportunity of watching the racing from this vantage point. Many

THE GIANTS STRIK A BAD PATCH

Cubs Once More Threaten to Regain Lead

THE PHILLIES CAPTURE A DOUBLE-HEADER

New York, July 7
An excellent hurling performance by Tommy Bridges of the Detroit Tigers against the St. Louis Browns and a double victory for the Phillies over the Boston Braves were features of to-day's play in the major baseball

图 93 《字林西报》关于飘艇总会会所的开业报道
图片来源：North-China Daily News, 1934-07-09.

The Shanghai Yacht Club's three-day jubilee regatta was brought to a successful conclusion at Minghong yesterday. Photos show the club house and a scene prior to starting a race.

图 94 《字林西报》上的飘艇总会会所与相关比赛影像
图片来源：North-China Daily News, 1935-08-06.

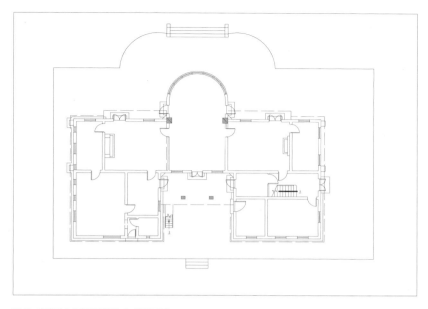

图 95　飘艇总会会所现状测绘（一层平面图）
图片来源：王海松教授提供 (2018)

图 96　飘艇总会会所历史场景，为了防晒，屋顶平台上加建了遮阳篷
图片来源：上海图书馆．老上海：体坛回眸卷．上海：上海文化出版社，2010.

图 97 上海飘艇总会会所近景（现状）
图片来源：王海松教授提供

图 98 上海飘艇总会会所鸟瞰（现状）
图片来源：同上

其他

1896 年,工部局以拆除老靶场筑马路为由, 向上海道索要了公共租界外（今虹口足球场一带）约 28 公顷的土地, 于 1905 年, 建成虹口娱乐场（Hongkew Recreation Ground）, 又称"新靶子场公园"。公园内设置蜿蜒的小河、起伏的山坡、淳朴的小桥, 以及大面积草地上的高尔夫球场、曲棍球场、足球场、棒球场、草地滚球场等, 园内还建造有上海青少年高尔夫俱乐部（Shanghai Junior Golf Club）小楼（图 99）、上海洋枪打靶会会所（Shanghai Rifle Club）（图 100）和上海新高尔夫俱乐部（Shanghai Golf Club）小楼。新靶子场公园成为上海近代继跑马厅之后建立的第二个公共运动场。1928 年, 该公园对华人开放, 1937 年, 被日军占领后改名为"新公园", 如今, 名为"鲁迅公园"。

图 99 上海青少年高尔夫俱乐部小楼历史场景
图片来源：上海图书馆. 老上海：体坛回眸卷. 上海：上海文化出版社, 2010.

图 100 上海洋枪打靶会会所历史场景
图片来源：同上

工部局在虹口的公共租界建造了汇山公园（Wayside Park），于 1911 年 6 月 30 日对外开放[88]，内设网球场和草地滚球场。1910 年左右，16 名英国侨民买进上海西郊虹桥路（Hungjao Road，今虹桥路）和罗别根路（Rubicon Road，今哈密路）转角处的一块土地，计划建造一个 9 洞高尔夫球场，并于 1916 年 10 月 28 日成立虹桥高尔夫俱乐部（Hungjao Golf Club），建造了俱乐部大楼[89]。1922 年，虹桥高尔夫俱乐部的高尔夫球场扩展为 18 洞[90]。

此外，上海的意大利侨民也建立了相应的俱乐部组织。据 1905—1910 年《字林西报行名录》记载，意大利奥索尼亚俱乐部（Ausonia Club，音译）的地址为南京路（Nanking Road，今南京东路）35 号。1918 年，另一个名为"Circolo Italiano"的意大利俱乐部出现在《字林西报行名录》中，地址是黄陆路（Wonglo Road，今黄渡路）4 号，1933 年、1935 年，该俱乐部地址变更为赵主教路 (Route Monseigneur Mareska，今五原路)285 号。虽然《字林西报行名录》一直没有"Circolo Italiano"的中文翻译，但据现有史料推断，这个俱乐部应该就是"意大利总会"。"意大利驻华大使罗亚谷诺所主持之该国名画家乍浦列聂（G. M. Zampolini）绘画展览会、已于昨日下午二时、在赵主教路二八五号意大利总会开幕、会期十日、至本月底截止、每日下午二时至七时、为展览时间、欢迎各国人士参观。"[91]。

与 1850—1900 年起步时期的俱乐部建筑相比，鼎盛时期的俱乐部建筑具有以下特点：

（1）建筑施工专业化

1900 年之前，上海建造起的俱乐部建筑都只是两三层的小楼，而且由于当时缺乏专业的施工队伍，建造质量不尽如人意，使用若干年后开裂等现象严重，只好拆除重建。20 世纪初，由于出现了专业的施工队伍，施工设备与施工技术的实施更加精准到位，建筑建造质量稳步提升，建造速度也日新月异。例如，建筑面积达 20 000 多平方米的新跑马总会会所只用了不到 10 个月的时间就完成了全部土建和装饰、装修工程，而且建造质量优良。上海现存的 11 座近代俱乐部建筑都是这一时期的建造物，历经沧桑而依然坚固。

（2）国际先进建筑结构技术与新颖建筑材料的广泛应用

20 世纪初，世界新建筑技术革命的风潮席卷上海，新建筑结构与新建筑材料的

88. Wayside Park. North-China Daily News, 1911-07-01.
89. The Hungjao Golf Club. The North-China Herald and Supreme Court & Consular Gazette, 1916-10-28.
90. Hungjao Golf Club. North-China Daily News, 1922-08-03.
91. 意绘画展览会昨开幕 . 申报 , 1936-02-21.

广泛应用拓展了人们对建筑空间的认知：从钢铁、玻璃、混凝土到钢筋混凝土框架结构、筏形基础，从钢窗、马赛克、外墙釉面砖到冷暖气设备、电梯、卫生间设施……一切都意味着较以往更上乘的建筑质量和更舒适的建筑体验。以1911年重建的上海总会会所为例，建筑信息是：钢筋混凝土框架结构与墙承重结构相混合的结构体系，钢筋混凝土筏形基础，连同半地下室一共6层的建筑高度，覆盖玻璃穹顶的中央大厅，以完善的4重构造系统保证室内冬暖夏凉的玻璃穹顶，水暖系统，电力系统，电梯……所有信息书写了一座上海近代盛期外侨俱乐部建筑的典范。

除了高度，建筑的空间跨度也有了提高，钢筋混凝土框架结构塑造出更多的宏大空间，例如新跑马总会会所底层跨度达13米之多的博彩大厅。

（3）建筑风格多元化

19世纪的外侨俱乐部建筑大多为殖民地外廊式，而上海的气候条件并不适用四周外廊的开敞式建筑，所以这种建筑形式在19世纪末就基本消失了。20世纪初，更多世界流行的建筑风格登陆上海，使得鼎盛时期的外侨俱乐部建筑呈现出风格的多样化特征。

古典复兴建筑风格最广泛地为近代上海新兴的建筑类型——银行、商业大楼、办公楼等所采用，外侨俱乐部建筑自然也不甘落后，例如上海总会新会所、共济会堂、两座法商球场总会会所，以及跑马总会新会所等都是其中的佼佼者。

西方复古思潮带来了建筑风格与装饰的复杂性，各种各样的复古样式和装饰混杂交错，使得这一时期的复古风格又带有鲜明的折中主义倾向，典型的如上海总会新会所、跑马总会新会所、划船总会会所等。

也许是因为装饰艺术风格源于法国，其在上海的代表性案例集中表现在法国人的俱乐部建筑中，如法商球场总会新会所室内设计、法公董局军人俱乐部大楼，以及法国总会会所室内设计。

1900—1937年，在上海近代外侨俱乐部发展的鼎盛时期建造的俱乐部建筑多达28座（包括重建、扩建项目），其中有11座屹立至今（见附录）——它们是上海近代社会与城市发展的"鲜活"史料，它们从破土动工的那日起，就成为这个城市血脉中无法分割的一部分，也正因有了这些城市文化遗产的历史积淀，这座城市才叫做"上海"。

第 3 章　终　结
1937 年 之 后

CHAPTER 3 WITHER
-ING AFTER 1937

　　1937 年 8 月 13 日，淞沪会战打响，中国全面抗日战争日趋白热化。虽然之后三四年间租界内出现了畸形的"孤岛繁荣"，上海外侨俱乐部也勉强维持着各自灯红酒绿的生计，但伴随第二次世界大战的全面爆发，十里洋场上的一切纸醉金迷都加速跌入了生命的终结期。仅以下述几点一叶知秋：

　　（1）1938—1940 年，上海依然有零星新的俱乐部团体建立。例如，根据《字林西报行名录》的记载：1938 年，新出现的德国曲棍球俱乐部（Deutscher Hockey Club）；1939 年，新出现的詹姆皮特（音译）国际俱乐部（Club Champetre International，地址是虹桥路 563 号）；1940 年，新出现的美国海军预备俱乐部（U.S.Fleet Reserve Club，地址是外滩 9 号 A 座），等等。然而，通查该时期史料，没有发现任何新的俱乐部建筑建设活动的文字记载。

　　（2）第二次世界大战中期，归属于法西斯国家联盟和战争中立国的外侨俱乐部都依然维持着日常活动，但活动内容已发生显著变化。动荡的时局下，原有的休闲、娱乐不时被战况、难民、政治动向、灾情等冲击得支离破碎。除了日本人俱乐部，当时尚且活跃的俱乐部还有意大利总会、法国总会、法商球场总会、德国花园总会、俄国总会、犹太总会、瑞士总会等。

　　（3）意大利总会（Circolo Italiano）

　　根据史料推断，1940—1945 年间，意大利总会迁址大西路（Great Western Road，今延安西路）238 号——该建筑建于 1929 年，原本为工厂主周士贤的家宅。

　　该建筑坐北朝南（南部为大花园），四坡顶，意大利文艺复兴式建筑风格。主立面为横三段、纵三段构图：中段一、二层设爱奥尼式圆柱柱廊；三层设外阳台；东、西两端部立面做巴洛克风格的山墙处理（图 1）。建筑东侧的主入口设门廊，建筑内部装饰豪华、考究（图 2）。

　　据史料记载，第二次世界大战期间，意大利总会为轴心国要员在上海的主要联络场所，花园内高悬意、德、日三国国旗[1]。新中国成立后，中国政府接管意大利总会，现作为包括上海市文学艺术界联合会在内的多个协会的合用办公楼。1994 年，该楼被列为第二批上海市优秀历史建筑。

　　（4）1941 年底，太平洋战争爆发，丧心病狂的日军在上海租界中肆意横行：上海总会会所被强占作为日海军军官府；斜桥总会被强占作为日军的情报机构；美国哥伦比亚乡村总会会所被强占作为羁押敌战国侨民的集中营……虽然法国维希政府加入了亲日阵营，法商球场总会也公开发表声明："已决定拒绝英美及对日本断绝外交关系各国之侨民为会员、此项决定、已于七月十五日实行、以求日本与法国

1. 黎平. 意领石止那氏出租意大利总会，态度友好有裨邦交. 国际新闻画报，1947 (78).

图 1　意大利总会会所鸟瞰图
图片来源：http://blog.sina.com.cn/s/blog_5d1bdf480102uyoo.html.

图 2　意大利总会会所内景（现状）
图片来源：作者拍摄 (2017)

间更密切之合作、闻该总会并未请英美籍旧会员脱离、惟其中少数昨向记者表示、彼等将自动脱离……"[2] 但时日无多，法商球场总会终究逃脱不了被日军强占作为"占领军司令部俱乐部"的厄运。

（5）第二次世界大战结束之时，许多上海外侨俱乐部建筑被临时租用为驻华美军俱乐部，例如斜桥总会、法商球场总会、静安寺路（Bubbing Well Road，今南京西路）722 号原犹太总会、意大利总会等。沪上美军撤离后，大部分俱乐部建筑依旧归还外侨继续使用；然而，面对复杂、动荡的政治与社会环境，外侨俱乐部的辉煌早已不复存在。俱乐部的活动日益萧条，越来越多的会所人去楼空。

（6）新中国成立初期，针对当时的国情，中国政府制定了"另起炉灶"（不承认旧的屈辱外交关系，而在新的基础上另建新的平等外交关系）、"打扫干净屋子再请客"（先清除帝国主义在华势力和一切特权，再考虑与西方国家建交），以及"一边倒"（坚定不移站在社会主义一边）三大基本原则作为管理在华外国人的行动指南，"在具体措施上，我们一方面对在华的'帝资'国家的外国人'赶挤出境'；另一方面，对社会主义国家的侨民，如苏侨、朝侨和越侨，实行友好和较为宽松的管理方式。作为中国最为重要的城市之一，上海在新中国成立后由军管会迅速接管了外国人在沪的地产、房产、企业。相关主管部门也陆续接办了由外国资助及教会举办的教育、医疗、救济、文化出版等机构，开始以主权国家的姿态管理所辖境内的外国人。"[3] 据统计，1949 年 5 月上海外侨人数共计 32 049 人，在对外政策的促动下，同年 9 月，上海出现了第一波出境高潮，大批英美籍侨民离沪；及至 1955 年底，上海剩余外侨人数为 3058 人，且绝大多数是"来自社会主义国家的公民"。

1955 年 12 月 31 日，上海最后一家坚持开业的外侨俱乐部——犹太总会宣布关闭，沪上近代外侨俱乐部的发展历史被毅然决然地画上了终止符。

2. 法总会对协约侨民拒绝入会. 申报, 1942-07-24.
3. 何亚平. 建国以来上海外国人口变迁与人口国际化研究. 社会科学, 2009 (9).

第 4 章　曾被误读的俱乐部建筑

CHAPTER 4 CLUB
BUILDINGS THAT
HAVE BEEN MISREAD

建筑历史既丰富多彩，又纷繁复杂。由于时代变迁、建筑损毁、史料记录缺失等原因，个别以讹传讹的现象在所难免。历史研究的重要价值之一就在于深挖并掌握确凿的第一手资料，并尽可能还原历史的真实性。

大理石宫（Marble Palace）与
上海犹太总会（Shanghai Jewish Club）

近代上海外侨中有一个非常特殊的群体——犹太人，他们主要分三批陆续进驻上海：开埠之初来自印度等地的赛法迪犹太人、20 世纪初来自俄国的犹太人以及三四十年代来自欧洲的犹太难民。截至 1924 年，上海的犹太人总数达到 800 ～ 1000人。犹太人的社团意识非常强烈，每迁居一个地方，只要汇集一定数量的人群，一般是 20 户以上，他们就会组织自己的社团，推选社区领袖，用以联系和团结大家、协调彼此关系，并协助管理教育、工作、婚姻乃至生老病死等事宜。犹太俱乐部就是活跃在其中的重要社团之一。

研究近代上海犹太人历史的资料可谓浩瀚，在诸多的研究中，关于犹太俱乐部建筑虽多有提及，但说法十分含混。现今挂牌上海"优秀历史建筑"中有两栋被称为"犹太总会（或犹太俱乐部）"，地址分别为：静安寺路 722 号（Bubbing Well Road，今南京西路 722 号，建造于 1911 年）、毕勋路 20 号（Route Pichon，今汾阳路 20 号，建造于 20 世纪 10 年代），它们实际上是在 20 世纪 40 年代被犹太总会买入或租用为会所的建筑。沪上名副其实的犹太总会自建会所曾在 1920 年前破土动工，至今风骨尚存，它就是闻名遐迩的"大理石宫"（今天的中国福利会少年宫）—— 另名"埃利·嘉道理（Elly Kadoorie）爵士公馆"。

1912 年 11 月，沪上第一个犹太人俱乐部——上海犹太体育俱乐部（Shanghai Jewish Athletic Club）成立，最初会员只有 11 人，卡茨（J.B.Katz）担任俱乐部主席，同时兼任足球队队长。两年后，犹太国体育会（Jewish Recreation Club）出现，1918 年文献记录的地址是广东路（Canton Road, 今广东路）35 号。1918 年，"犹太总会"（Shanghai Jewish Club）出现在《字林西报行名录》上，总会地址是外滩 23 号，总会主席是赛法迪犹太商人埃利·嘉道理爵士。据称，嘉道理爵士热衷于建立犹太总会自己的会所，不仅慷慨解囊，而且还亲自督建。自建会所占地 20 亩（约 13333.4平方米），位于公共租界外的西郊，靠近南京西路的有轨电车终点站（Tramway Terminus），建筑师是拉夫恩特（Lafuente）和伍腾（Wootten）[1]。总会主体建筑内

---

1. A Jewish Club. North-China Daily News, 1918-06-29.

设计有约 317.6 平方米（50 英尺 ×80 英尺）的舞厅，另设图书馆、台球房、棋牌室，以及室外运动场（网球场和槌球场）。本计划 6 个月左右完成建筑施工，然而天有不测风云，1920 年 5 月 6 日凌晨，离项目竣工不足一个月的时候，会所失火，其惨状在史料记载中频现"毁于大火""几乎化为灰烬"等用语。当时媒体猜测火灾极可能是有人故意纵火[2]（图 1），因为一年前，嘉道理爵士的上海老宅也遭遇火灾，其夫人葬身火海。身心遭受重创的嘉道理爵士带着两个儿子回伦敦暂住，直至 1924 年，嘉道理爵士家族公馆——后世著名的"大理石宫"横空面世（1922 年 2 月，嘉道理爵士的同胞兄弟在香港因心脏病去世，遗产的三分之一留给嘉道理爵士[3]）。

FIRE AT JEWISH CLUB

Incendiarism Suspected

A serious fire occurred early this morning at the New Jewish Club, on Great Western Road, and but for the manner in which it was tackled it would probably have gutted the building. At 4.38 o'clock a telephone message was receive at the Brigade headquarters, from the Bubbling Well Police Station, reporting the fire. The Sinza Division promptly responded, and found the upper floor and roof of the east wing in flames. In places the roof was already in. Lines of hose were laid from a hydrant in Tifeng Road and taken upstairs on either side of the outbreak to try and prevent the flames speaking. However, the fire had obtained such a hold that it had already swept along the roof space to the west past the large corridor at the head of the main staircase, and had involved practically

图 1 《字林西报》关于当日凌晨发生在大西路犹太总会会所火灾情况的报道

图片来源：North-China Daily News, 1920-05-06.

由于文献对于 1920—1924 年火后犹太总会会所的记录断片以及当时建造图纸资料的缺失，使得已有研究一直停留在"大理石宫"是嘉道理爵士家族公馆的层面，甚至对于其作为住宅而颇为少见的奇特型制，坊间还编排出一段"疯子建筑师"的奇闻趣事：嘉道理爵士的老宅被焚后，他的建筑师好友格雷厄姆 - 布朗（Graham-Brown）受托负责其在上海的新公馆建设。布朗嗜酒成性，喜欢酒后肆意修改设计，致使建设资金越来越高。当新公馆落成时，嘉道理爵士返沪，撞入眼前的是一幢宫殿式的建筑和几近喝挂了的布朗。

仔细对比《字林西报》1920 年 8 月 3 日刊登的犹太总会会所失火后的照片（图 2）与现今"大理石宫"的照片（图 3），不难看出二者在体量与结构形态上的惊人一致性，这意味着"大理石宫"很有可能并非新建，而只是对原有犹太总会会所的修葺与改建。另外，从现有"大理石宫"的首层平面图（图 4）看，位于中部的客厅不仅空间异常宽敞，而且还设置有专业的表演舞台，这似乎不是"酒后把客厅设计成舞厅"那么简单，而应该是在设计之初就有作为公共表演空间的充分考虑。1924 年 8 月 23 号《字林西报》一篇题为《上海华丽的住宅：嘉道理先生美丽的住屋，建筑艺术瑰宝，犹太总会的变革》的报道证实了上述推断[4]："这座公馆建筑就是犹太总会会所的火后重生。"报道还透露：嘉道理爵士委托建筑师格雷厄姆 - 布朗和温格罗夫（Wingrove）做会所的改造设计，整座建筑以意大利进口大理石饰面，入口处有爱奥尼式大理石

2. Fire at Jewish Club. North-China Daily News, 1920-05-06.
3. Sir Ellis Kadoorie' Will. North-China Daily News, 1922-03-30.
4. The Stately Homes of Shanghai. North-China Daily News, 1924-03-15.

图 2 《字林西报》上刊登的犹太总会会所火灾后的照片，其标注信息为："当时一层正在重修"
图片来源：North-China Daily News, 1920-08-03.

图 3 嘉道理公馆立面
图片来源：伍江．上海百年建筑史 (1840—1949)．上海：同济大学出版社，2008.

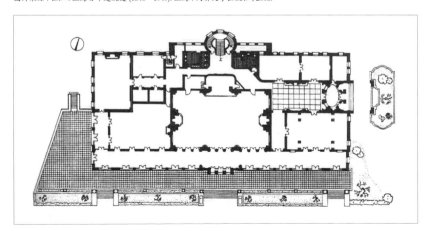

图 4 嘉道理公馆平面图
图片来源：同上

图 5 嘉道理公馆建成时的报道，文中明确指出这座房子原本是犹太总会的会所，并详尽描述了房屋内部的装修细节
图片来源：North-China Daily News , 1924-03-15.

柱廊，用掉 150 吨大理石，总耗资 100 万两银；舞厅空间高敞，顶部为大理石穹顶，可以容纳百人共舞，气派非常 [5]（图 5）。

虽然犹太总会自建会所的命数就此夭折，但犹太人俱乐部的社团建设并未停止脚步。1921 年，犹太阿杜斯（音译）俱乐部（Jewish Club Ahduth，20 世纪 20 年代上海最活跃的犹太人俱乐部）成立；1924 年，赛法迪犹太人在陕西北路摩西教堂附近创建犹太乡村俱乐部（Jewish Country Club，又被称为"犹太第一总会"），地址为西摩路（Seymour Road, 今陕西北路）164 号；1926 年 11 月，阿杜斯俱乐部与犹太国体育会的一部分合并到犹太总会 [6]。1928 年 4 月，犹太麦克宾（音译）俱乐部（Jewish Club Maccabean）在正金银行二楼成立 [7]。

1932 年，沉默近十年的"犹太总会"被重新叫响，并成为当时在沪犹太人最重要的社交场所。此时犹太总会的主席为俄国犹太社区领袖、富商布洛赫（M.S. Bloch），会所地址为辣斐德路 (Route Lafayette, 今复兴中路)1321 号。8 月 7 日举行总会开幕式，沪上众名流与会祝贺，其中包括埃利嘉道理爵士及其儿子贺拉斯·嘉

5. The Stately Homes of Shanghai. North-China Daily News, 1924-03-15.
6. The Shanghai Jewish Club. North-China Daily News, 1926-11-26.
7. New Jewish Club opened. North-China Daily News, 1928-04-16.

道理（Horace Kadoorie），扶轮社（Rotary Club）主席哈里斯（E. F. Harris）先生等[8]。犹太总会下设文艺小组，通常是每周四晚上十点举行晚会，有各种文艺节目表演，包括音乐、舞蹈、歌唱、诗歌、朗诵等。小组成员中有许多国际知名的演员和音乐家[9]。

之后，由于各种原因，犹太总会多次变更会所的租借地：1933 年的地址是毕勋路（Route Pichon，今汾阳路）33 号（图 6）；1935 年的地址是海格路（Avenue Haig，今华山路）490 号[10]；1936 年的地址是慕尔鸣路(Moulmein Road，今茂名南路)35 号[11]；1941 年 7 月，犹太总会购买并搬迁至静安寺路（Bubbing Well Road，今南京西路）722 号[12]。

这是一座红色小楼，建于 1911 年，原系浙江镇海籍人士、上海巨商、著名爱国人士叶澄衷先生之子叶贻铨的私宅。1909 年，叶贻铨发行每股 10 两的股票 5 万股，集资 50 万两，成立"万国体育会"（International Recreation Club），在江湾建造了第一个中国人开办的跑马场，而他位于静安寺路（Bubbing Well Road，今南京西路）722 号的私宅，也兼作万国体育会会所。1937 年抗日战争爆发，日军轰炸了叶氏经营的江湾跑马场，叶氏破产。这座私宅被变卖，曾一度作为美国海军的俱乐部大楼，后转卖给犹太总会。

该住宅楼为二层砖混结构，由建筑师拉夫恩特（Lafuente）和伍腾 (Wootten) 设计，是典型的仿欧洲文艺复兴式府邸建筑。总面积为 1800 平方米，平面呈"L"形，第二层室内设有装修华丽的弹簧地板的舞厅，另设酒吧、餐厅、弹子房等公共活动房间。建筑正立面呈中轴对称式。主入口体量外凸，设双柱拱券门廊，门廊上部为阳台，饰以宝瓶状栏杆。主入口体量的左右两侧为连续的拱券落地窗，窗间饰以壁柱，二层局部内退为阳台。平缓的四坡红瓦屋顶使建筑更显庄重典雅（图 7）。

第二次世界大战初期，由于苏联在战争中的中立立场，上海的俄国犹太人仍然可以自由参加俱乐部活动[13]。直至 1943 年初，日军强行霸占这座小楼作为军用[14]，犹太总会会所被迫迁至大同路（Avenue Road，今北京西路）1623 号。

8. 以色列信使报，1932-09-02.

9. 汪之成.俄侨音乐家在上海（1920s—1940s）.上海：上海音乐学校出版社，200

10. Jewish Club Dance On Saturday. North-China Daily News, 1935-06-26.

11. From Day to Day. North-China Daily News, 1936-10-30.

12.1940 年 10 月 19 日，《字林西报》报道称，静安寺路 722 号——"第四海军俱乐部"建筑以 100 万美元的售价卖与犹太总会，已缴付定金 5 万美元。1941 年 7 月 11 日《申报》通告称：美海军俱乐部已售定期移交，新业主为犹太总会。

13. 此时期上海的赛法迪犹太人因多为英籍，被迫害关押入"集中营"，而来自欧洲的犹太难民则被日军控制在位于虹口的"犹太隔离区"中。

14.1943 年 1 月 19 日《申报》通告称："陆军报道部与陆军联络处已从靶千路旧址迁入静安寺路七二二号上海犹太总会"。

图 6 1933 年 4 月 30 号在必勋路犹太总会会所内举办了授旗仪式，从中可看出犹太总会拥有外部活动场地
图片来源：North- China Daily News, 1933-05-07.

图 7 静安寺路 722 号原犹太总会会所（现状）
图片来源：作者拍摄 (2017)

据上海市档案馆史料记载，1944—1945 年犹太总会举办的大型聚会活动包括[15]：1944 年 6 月 24 日下午 8—12 点，公演犹太剧 *The Coachin*；1944 年 12 月 2 日晚 8 点，招待会；1945 年 5 月 27 日下午 4 点，茶舞会；1945 年 5 月 29 日 7 点半，文学讨论会等。

1947 年 4 月 15 日，犹太总会再次搬家（图 8），迁至位于法租界毕勋路 20 号（Route Pichon, 今汾阳路，上海音乐学院内）的一座花园洋房内，并进行了扩建[16]（图 9）。据史料记载，该洋房始建于 20 世纪 10 年代，法国文艺复兴风格，建筑面积 810 平方米，屋顶错落有致，上铺红瓦，屋面陡峭，设醒目的老虎窗。建筑砖墙以白色水泥拉毛饰面，建筑底部以毛石砌筑。主立面为对称构图，强调横向三段式划分和水平向线条。侧立面突出半圆形房间，上设露台与宝瓶状栏杆（图 10）。室内设有图书馆、会议室、阅览室、棋牌室等。1948 年，毕勋路 20 号内，犹太复国主义者欢聚一堂，庆祝以色列国的诞生。同年 12 月，以色列政府派外交部代表来沪，向上海犹太人发放前往以色列的签证，犹太人陆续离沪。1955 年 12 月 31 日，犹太总会宣布关闭[17]。

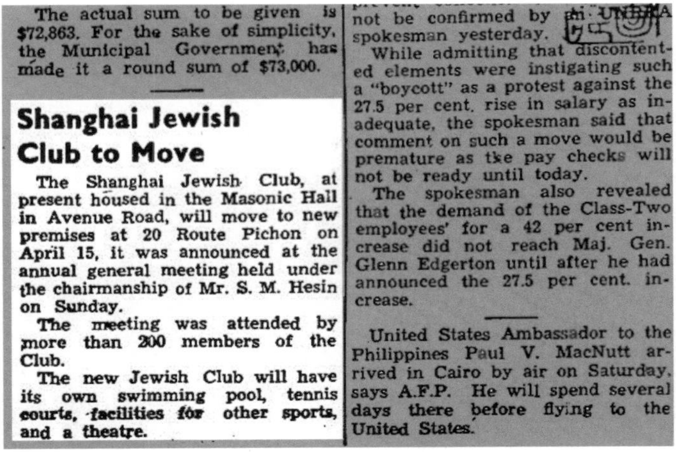
The actual sum to be given is $72,863. For the sake of simplicity, the Municipal Government has made it a round sum of $73,000.

Shanghai Jewish Club to Move

The Shanghai Jewish Club, at present housed in the Masonic Hall in Avenue Road, will move to new premises at 20 Route Pichon on April 15, it was announced at the annual general meeting held under the chairmanship of Mr. S. M. Hesin on Sunday.

The meeting was attended by more than 200 members of the Club.

The new Jewish Club will have its own swimming pool, tennis courts, facilities for other sports, and a theatre.

not be confirmed by an UNRRA spokesman yesterday.

While admitting that discontented elements were instigating such a "boycott" as a protest against the 27.5 per cent. rise in salary as inadequate, the spokesman said that comment on such a move would be premature as the pay checks will not be ready until today.

The spokesman also revealed that the demand of the Class-Two employees' for a 42 per cent increase did not reach Maj. Gen. Glenn Edgerton until after he had announced the 27.5 per cent. increase.

United States Ambassador to the Philippines Paul V. MacNutt arrived in Cairo by air on Saturday, says A.F.P. He will spend several days there before flying to the United States.

图 8 1947 年《字林西报》刊登的犹太总会搬家公告，称："……新的会所将设有游泳池、网球场、其他运动设施，以及一个剧院。"
图片来源：North-China Daily News, 1947-04-01.

15. 根据上海市档案馆史料整理。
16. Shanghai Jewish Club to Move, North-China Daily News, 1947-04-01.
17. 王健 . 上海的犹太文化地图 . 上海：上海锦绣文章出版社，2010.

图 9　1947 年犹太总会扩建奠基仪式
图片来源：潘光. 犹太人在上海. 上海：上海画报出版社，2005.

图 10　毕勋路 20 号的犹太总会会所（现状）
图片来源：作者拍摄 (2016)

邬达克与哥伦比亚乡村总会（Columbia Country Club）

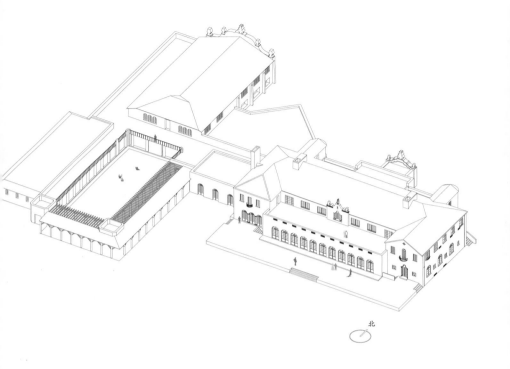

北

　　在延安西路 1262 号原上海生物制品研究所的院子里，有三座西班牙风格的小楼，其中两座为上海近代历史保护建筑，它们都建于 20 世纪 20 年代，位于东部的那座是著名的"孙科别墅"，另外两座则是当年美国侨民非常重要的社交场所——哥伦比亚乡村总会（Columbia Country Club）。

　　对于这座哥伦比亚乡村总会会所，在上海市政府 1999 年 9 月 23 日颁发的优秀历史建筑的牌匾上赫然写着："延安西路 1262 号，原为美国乡村总会。邬达克设计，砖混结构，1936 年建成。"其中的错误信息昭然。事实上，这座建筑于 1924 年 1 月奠基，同年 11 月建成并开放；建筑设计师为埃利奥特·哈沙德（Elliott Hazzard，美国人），而非匈牙利籍建筑师拉斯洛·邬达克（Laszlo Hudec）。

　　哥伦比亚乡村总会是近代上海的美国侨民于 1917 年 4 月成立的俱乐部组织，最初的活动场所在杜美路（Route Doumer，今东湖路）50 号，是一座租用的小住宅，于同年 6 月 30 日开放，目的是"为社区居民提供一个温暖的家，美国人可以在这里相遇，他们的妻儿可以在这里享受美妙的下午或晚上"[18]。第一届总会主席为伯恩斯（W. A. Burns），副主席为斯普瑞格（W. C. Sprague）。总会的运作取得了巨大成功，会员数量迅速增长，两年时间，由 1918 年 1 月第一次年度会议时的与会人数 90 人增加到了 411 人，

图 11　1941 年，建筑师哈沙德（右）在会所参加活动
图片来源：上海生物制品研究所工程处

这意味着总会需要更大的场地来组织活动。主席伯恩斯提议买进租界外刚刚"越界修筑"的大西路（Great Western Road，今延安西路）301 号的 50 余亩（33 334 多平方米）土地建造新的总会会所，并发行债券 35 万两筹集建造费用。1924 年 1 月 13 日，总会会所奠基揭牌。1924 年 11 月 15 日的《字林西报》中，有一篇关于哥伦比亚乡村总会的报道，里面明确提到了该会所的建筑师是哈沙德[19]。

哈沙德（图 11）生于 1879 年，20 世纪初来到上海，和另一位建筑师菲利普斯（E. S. J. phillips）合伙创立了哈沙德洋行。他不仅是哥伦比亚乡村总会的会员，而且接受委托设计了哥伦比亚乡村总会会所。哈沙德在上海的其他建筑作品有：西侨青年会大楼、华安会人寿保险大楼、上海电力公司大楼、中国企业银行、永安公司新大楼、新光大戏院、枕流公寓和布哈德住宅。其中哥伦比亚乡村总会会所、枕流公寓、布哈德住宅都为西班牙风格建筑，能够看到哈沙德设计特有的相同的建筑细部特征。

2014 年 9 月，美国当代历史学家格雷格·莱克（Greg Leck）受邀在上海生物制品研究所做了一场关于该会所在第二次世界大战中作为集中营的相关研究报告，报告中，他展示了多张哈沙德当年绘制的建筑设计草图，进一步证实了哈沙德才是该总会会所的建筑设计师[20]。

仔细分析建筑师被张冠李戴的原因，应该是与以哥伦比亚乡村总会会所为"导火线"的"哥伦比亚（住宅）圈"（Columbia Circle）的房地产开发密切相关。

伴随总会在大西路（Great Western Road，今延安西路）的奠基和建设，工部局继续越界筑路，在总会会所所在区域法华镇的南侧和东侧修筑了安和寺路（Avenue Amherest，今新华路）和哥伦比亚路（Columbia Road，今番禺路）。当时，美国工

18. The Columbia Country Club. North-China Daily News, 1924-01-14.
19. The New Columbia Country Club. North-China Daily News, 1924-11-15.
20. 在研究过程中，本书作者得知美国当代历史学家格雷格·莱克（Greg Leck）曾在研究所作过报告，报告中有几张关于俱乐部的历史照片，还有几张建筑师绘制的设计草图，于是多次与格雷格·莱克联系，未果。这里引用的平面草图、立面草图、历史照片为上海生物制品研究所工程处工作人员在听讲座时的翻拍资料。

程师莱文（Frank J.Raven）的普益地产公司（Asia Realty Co.）灵敏地嗅到了商机，在两条道路刚刚建成时，购入了周边的百余亩土地准备进行住宅开发。1928年，"哥伦比亚（住宅）圈"开发计划推出，邬达克受聘担任总设计师。1929年夏天，一幅普益地产售楼协议手册上的宣传鸟瞰图清晰地显示出该地段与哥伦比亚乡村总会的密切关系——依托并围绕会所南侧展开，形成一个以哥伦比亚乡村总会会所为中心的美国人的社交圈（图12）。需要重申的是，是先有哥伦比亚乡村总会，再筑哥伦比亚路，之后开发了哥伦比亚（住宅）圈。总会的建成和开放促成了这个花园住宅区的建成和繁荣。据记载，搬入哥伦比亚（住宅）圈的居民多数为上海政界与商界的各国侨民，而作为总建筑师的邬达克，也在哥伦比亚乡村总会的东边购入了一块10亩多的土地，设计兴建了自己的西班牙风格住宅，后低价转让给孙科，这就是著名的"孙科别墅"（图13）的来历。由于整个哥伦比亚（住宅）圈皆为邬达克设计，且会所与孙科别墅仅一墙之隔，又都是西班牙风格，所以致使很多人误认为会所也是这一地段房地产开发计划的一部分，是邬达克的作品。

图12　普益地产售楼协议手册上的宣传鸟瞰图，倒"凸"字形圈内为哥伦比亚乡村总会会所，矩形圈内为孙科别墅
图片来源：本书编委会. 邬达克的家：番禺路129号的前世今生. 上海：上海远东出版社，2015.

哥伦比亚乡村总会会所的设计方案是"丁"字形平面，由二层楼的主体建筑和西面与主体建筑垂直分布的单层运动场馆组成。建筑南面为花园和室外运动场地。主入口位于北面，设计有宽敞的汽车门廊，门廊两侧的建筑呈现 45°角构图，犹如敞开的两翼欢迎会员的到来。整个平面中心感很强，构图完整、均衡。主体建筑的东端设有一个大型的舞厅空间，其内部东、西、南三面环绕约 3 米宽的休息空间，北面的墙上设有壁炉，北墙外设有面积稍小的室外舞场（图 14）。

1924 年 11 月中旬，哥伦比亚乡村总会会所正式对外开放[21]。和原始方案草图不同的是：会所东端的舞厅空间以及主入口东部呈 45°角的一翼都没有被建造（图 15）。基地面积非常大，会所只占用了其中的一小部分，建筑的北面除停车场地外，另建一幢服务用的独立建筑和院子，另外还设有蔬果种植园。会所的南侧和东侧建有 20 个双人和 8 个单人网球场，分别采用素土、沥青、草地三种不同材质的地面，以便在不同的季节提供给会员最应景的体验与感受。此外，另设有槌球、草地滚球及其他活动场地[22]（图 16）。

哥伦比亚乡村总会会所坐北朝南，为平缓的筒瓦四坡顶，南立面做三段式对称处理。底层中部为连续拱券落地窗，二层后退为露台。为了形成视觉中心，二层立面中部微微前突，设西班牙式三联券窗，左右为平券，中间螺旋形窗间柱上为三叶形券，上部为雕花的宝瓶式山墙。建筑两端立面做山墙式处理，二层正中窗外凸阳台，设精致的曲线形花栏杆（图 17）。

主入口设在北面正中间，依照沪上当时乡村俱乐部形式的时尚做法，厚重漂亮的门廊前种植了一棵大树。门廊的正立面处理成巴洛克风情的宝瓶式山墙，下部曲线形的发券由四棵柱身为螺旋线形态的所罗门柱式支撑。因为建筑有半地下室，所以从入口门廊进入内部需踏上几级台阶。内部走廊非常宽敞，由东向西分为 5 段：中段设柯林斯柱式 8 棵，支撑着加肋的分段拱顶；东西两端楼梯间部分对应的走廊空间呈方形平面，四边用高大的拱券洞口强化界定，顶部为交叉拱顶；中段与楼梯空间之间的走廊为平顶，没有任何装饰。

建筑首层中部是宽敞的宴会厅，位于走廊和南面同面宽的咖啡厅之间。宴会厅尺度为 9 米 ×28 米，内部建筑细部做法与哈沙德同期在上海设计的布哈德住宅有几分相似（图 18，图 19）。八棵所罗门柱式承托起屋顶的木质大梁，东西两端墙上设石材贴面、雕刻精美的壁炉，壁炉的檐部下方雕刻有俱乐部的标志"CCC"（图 20）。

21. From day to day. North-China Daily News, 1924-11-25.
22. The New Columbia Country Club. North-China Daily News, 1924-11-15.

图 13　孙科别墅（现状）
图片来源：作者拍摄 (2017)

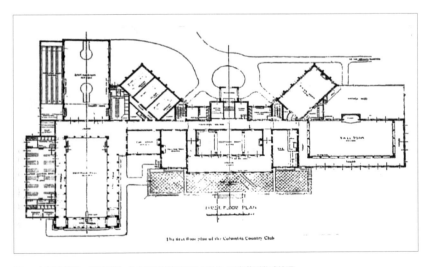

图 14　原始设计稿一层平面图，从中可见建筑北面入口处为 45°角的对称式处理
图片来源：上海生物制品研究所工程处

图 15 20 世纪 30 年代的哥伦比亚乡村总会会所全景
图片来源：史梅定．追忆：近代上海图史．上海：上海古籍出版社，1996.

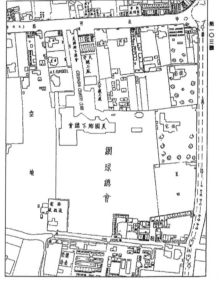

图 16 哥伦比亚乡村总会会所总平面图，南部有大片
的网球活动场地
图片来源：张震西．上海市行号路图录．上海：福利营业
股份有限公司，1947.

宴会厅与其南侧的咖啡厅之间开有多扇券形门。需要时，这些门可以全部打开，两侧空间合二为一。咖啡厅的南面为宽大的室外平台，上覆钢构凉棚顶。宴会厅和咖啡厅的东侧是一间专为女士准备的休息间和安置有烧烤架的餐厅，并有门直通室外休息平台。西侧是一间阅览室。

总会会所游泳池位于主体建筑西翼南端，西班牙式藤架样回廊环绕着长 100 英尺（约 31 米），宽 42 英尺（约 13 米）的泳池。回廊作为泳池的休息区和观演区，柱子粗壮、古朴，北向回廊较其他三面更宽，东南两侧回廊外又加设了遮阳凉棚，使从中部宴会厅区域到达游泳池的空间更舒适。游泳池西侧配备有更衣室、淋浴房和盥洗室。计划中，冬天会所将用大型的制冷设备将游泳池变为室内溜冰场[23]。

23. The New Columbia Country Club. North-China Daily News, 1924-11-15.

图 17　原哥伦比亚乡村总会会所主体部分修缮之前的历史场景。图片以从上至下、从左至右为序，分别是南立面、二楼中部立面细节、东部南立面细节、入口门廊细节、一楼内部走廊

图片来源：作者拍摄 (2016)

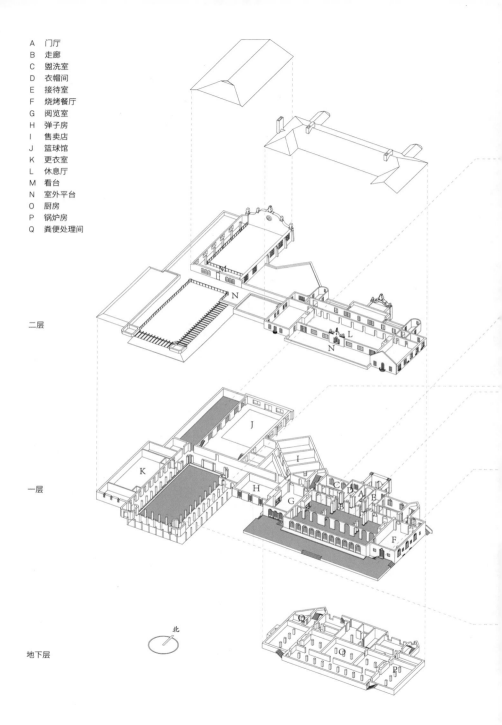

A 门厅
B 走廊
C 盥洗室
D 衣帽间
E 接待室
F 烧烤餐厅
G 阅览室
H 弹子房
I 售卖店
J 篮球馆
K 更衣室
L 休息厅
M 看台
N 室外平台
O 厨房
P 锅炉房
Q 粪便处理间

二层

一层

北

地下层

①保龄球室（历史照片）

②咖啡厅（历史照片）

③泳池回廊（历史照片）

④南面平台及运动场（历史照片）

⑤宴会厅（历史照片）

⑥游泳池（历史照片）

COLUMBIA COUNTRY CLUB SHANGHAI ~So

哥伦比亚乡村总会会所南立面草图
图片来源：上海生物制品研究所工程处

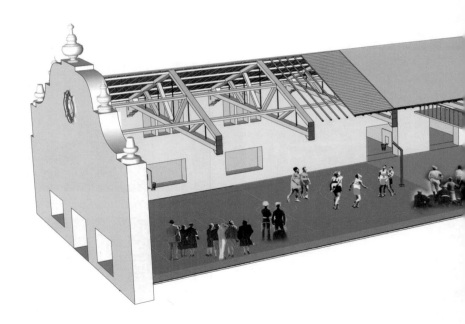

哥伦比亚乡村总会会所游泳池、篮球馆剖切面示意图
图片来源：蒋珊珊，余诗菁绘制

ELLIOTT HAZZARD ARCHITECT   JUNE 30 '23

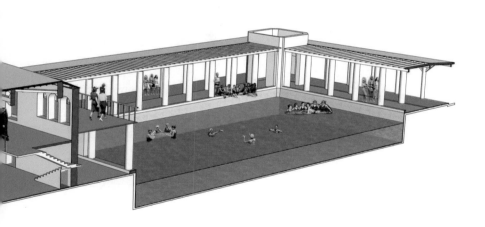

图 18 哥伦比亚乡村总会会所宴会厅，内有 8 棵螺旋线形态的所罗门柱式
图片来源：作者拍摄 (2016)

图 19 布哈德住宅起居厅所罗门柱式和壁炉
图片来源：http://blog.sina.com.cn/s/blog_5d1bdf480101bvb9.html .

图 20 哥伦比亚乡村总会会所宴会厅壁炉
（现状），可见当时俱乐部标志"CCC"
图片来源：作者拍摄 (2016)

　　游泳池的北面是篮球馆，长 84 英尺（约 25.6 米），宽 48 英尺（约 14.6 米）。篮球馆西侧与之平行排列的是当时上海规模最大的保龄球室。保龄球道长达 60 英尺（约 18.3 米），共四条球道，所有的设备均由美国进口。篮球馆的主入口设在北侧，立面厚重的山墙做了重点处理，顶部设计成装饰感极强的宝瓶状，中部开设玫瑰花窗，细节精美（图 21）。篮球馆的内部空间高达 10 米，顶部是巨大的三角形木屋架（图 22），屋顶设天窗采光。二层看台直通屋顶平台，看台下部为篮球馆门厅，篮球馆与游泳馆之间有过厅相连。

　　哥伦比亚乡村总会会所为砖木混合结构，其建造水平以及建筑材料、设备都是当时很先进的。屋面的覆瓦与孙科别墅相同，皆为红色的西班牙式筒瓦。会所主体地下室中，设置有厨房和锅炉房，锅炉房除为建筑提供暖气供应外，还为盥洗室提供洗浴热水。此外，地下室还设有一间粪便处理间[24]。

在一本名为《长城上的茶》（*Tea on the Great Wall*）的书中有这样的回忆："会所建在哥伦比亚住宅圈附近。我们非常喜爱那里的运动、聚会、网球场、游泳池。……我的哥哥强尼和我常在会所玩耍。在那里，我学习游泳初级课程，在浅水区练习划水，强尼学的则是燕式跳水，但他总是腹部朝下拍入水中溅起巨大的水花，喷溅在周围的人身上"[25]。

哥伦比亚乡村总会贴心的服务、精良的设施和运动场地不仅吸引了足够的娱乐人气，也吸引了大量的美英侨民在附近踊跃购房，为城市房地产开发提供了前所未有的良机。

太平洋战争爆发后，哥伦比亚乡村总会会所被日军占领，持续近 2 年时间被用作集中营，关押敌战国侨民共计 386 人。前文提到的美国历史学家格雷格·莱克于 2006 年发表报告文学《帝国的俘房》（*Captives of Empire*），对西方侨民在集中营的生活做了如下描述："到处都住满了人，篮球馆以及二楼的看台和回廊都挤得满满的，床一张挨着一张，图书室也住满了人，大量的图书都堆在角落里。"[26] 之后，总会会所遭到日本人的破坏：木地板被毁，游泳池屋顶被拆，游泳池被炸（图 23），南立面钢构凉棚被拆除（图 24）。

抗日战争结束后，大西路 301 号（Great Western Road，今延安西路 1262 号）被民国政府接管，成为中央防疫处上海分处、善后救济总署保管委员会生物学实验所等部门的办公地。1951 年起，该地归上海生物制品研究所（原名"华东人民制药公司上海生物学厂"）所有，后经过多次改建，会所原"丁"字形交角处的房间被拆除，一条道路横贯将会所切割成两栋建筑（图 25）。20 世纪 80 年代，游泳池原东、西、南三边的回廊外加建了办公空间（图 26），主体建筑东端加建为二层楼。

2016 年春，国内首屈一指的房地产公司——万科接手该地段城市更新项目，取名为"上生·新所"（图 27）。今天，当年的露天游泳馆、篮球馆均演变成了时尚秀场，洋溢着新时代的气息，众多年轻人徜徉其中，怀揣感慨，新奇地捕捉着过往历史的蛛丝马迹（图 28）。

---

24. 据研究所工作人员描述，粪便处理间内有 2 级台阶，台阶有坡度，液体流入下层进入污水系统，粪便等固形物则留在上层，依靠自然风干，不需要人工处理。

25. Patricia Luce Chapman. Tea on the Great Wall. Earnshaw Books, 2015. 作者妮·伯特（Patricia Luce Chapman．Nee Potter）1926 年生于上海，在哥伦比亚住宅圈里长大，其父母都是总会的会员，因在总会举办的"红狗"聚会上一见钟情而步入婚姻殿堂。

26. Greg Leck. Captives of Empire: the Japanese Interment of Allied Civilians in China 1941—1945. Pennsylvania: Shandy Press, 2006.

图 21　哥伦比亚乡村总会会所篮球馆北立面（现状）
图片来源：作者拍摄 (2016)

图 22　哥伦比亚乡村总会会所篮球馆内木质屋架（现状）
图片来源：作者拍摄 (2016)

图 23　哥伦比亚乡村总会会所游泳池被日军炸毁（约 1945 年）
图片来源：网络，出处不详

图 24　野草丛生中的哥伦比亚乡村总会会所（约 1945 年），其东部单层平屋顶体量是大约 30 年代末的加建
图片来源：网络，出处不详

图 25　哥伦比亚乡村总会会所建筑屋顶（现状），原建筑局部被拆除，变成了两栋建筑
图片来源：https://bbs.zhulong.com/101010_group_678/detail32712382/?sceneid=threaddetail-thread.

图 26　哥伦比亚乡村总会会所加建了二层办公空间的游泳池（加建时间为 20 世纪 80 年代）
图片来源：作者拍摄 (2016)

图 27　今天的上生·新所。昔日的游泳池变身为网红打卡地
图片来源：作者拍摄 (2019)

图 28　今天的上生·新所。昔日的篮球馆变成了时尚秀场
图片来源：作者拍摄 (2019)

法商球场总会（Cercle Sportif Français）与
法国总会（Cercle Français）

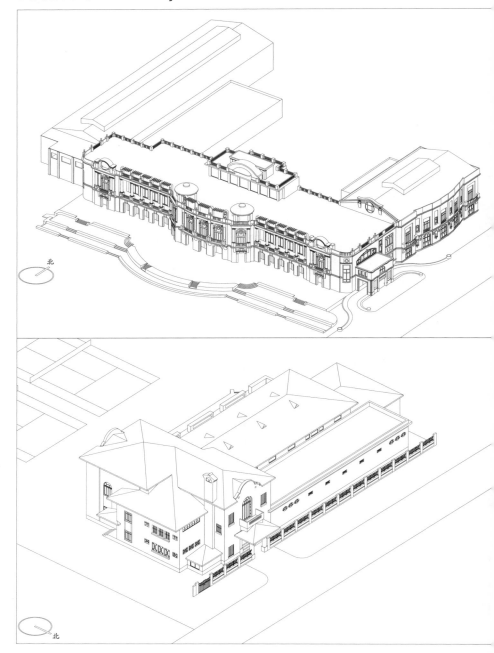

位于今天茂名南路 58 号的 "上海花园饭店" 的裙房是一座上海近代历史保护建筑,建造于 20 世纪 20 年代,通常被称为 "法国总会",实际上,这座具有法国古典主义风格建筑的确切历史归属并非 "法国总会" 而是 "法商球场总会",法文名为 "Cercle Sportif Français"。

法商球场总会成立于 1904 年 9 月,1914 年在法租界西南顾家宅环龙路 (Route Vallon,今南昌路) 建造了第一座会所,后经过 1918 年的大规模改建,一直使用至 1926 年,在第 2 章已做过详细介绍。

1917 年,法租界公董局没收并拍卖位于宝昌路 (Avenue Paul Brunat,今淮海中路) 的德国花园总会会所及其地块 (61 亩,约 40 666.9 平方米),用以抵偿总会所欠的债务。法租界公董局拆除建筑后将地块划分成东、西两块:西地块被英商新沙逊洋行买入,后在此兴建中高档多层住宅区,新中国成立后,该住宅区改名为 "长乐村";东地块被法商球场总会租用,用以建造新会所,地址为迈而西爱路 58 号 (今茂名南路 58 号),而原顾家宅环龙路的会所则华丽转身为法租界公董局学校 (College Municipal Francais)。

法商球场总会新会所由法商赉安洋行 (Leonord and Veysseyre) 设计,建筑师为亚历山大·伦纳德 (Alexandre Leonard) 和保罗·维赛尔 (Paul Veysseyre),工程由中国姚新记营造厂承建。1923 年 12 月,工程开工。1926 年 1 月 30 日,会所举行盛大的开业典礼。"……会员到者近千人,礼堂设在跳舞厅。开幕礼由会长梅笛尔氏主理,代理法总领事梅礼霭氏暨总会各委员、法海军官员等,均到场襄礼,并有摄影师在旁摄影。开幕后,梅会长演说,略谓:本会当二十一年前创立之始,仅十七人尔,嗣承公董局拨借顾家宅军营房屋,至 1914 年,会员增至 305 人,1918 年迁徙会所,迄今已有会员 2615 人,而会所亦已三迁矣。是皆诸会员发展会务之力,而外籍会员之提倡赞助,不遗余力,尤可感激云云。次梅总领事演说后,外籍会员倍思氏演说,以会务之发达,归功于梅笛尔规划之善。并代表会众,公赠金色钥匙一事,由梅礼霭夫人奉赠钥毕,后有戴彝尔氏演说,继乃举行种种娱乐。晚间,大开聚餐会,佐以跳舞音乐,极一时之盛云。" [27]

当时,《字林西报》用超大篇幅对法商球场总会新会所的开业典礼进行报道 (图 29),两天后还刊登了一张绘画作品,描绘的是典礼舞会上女士们的盛装式样,极尽时尚、典雅之态 (图 30)。

建成后的法商球场总会占地 20 000 平方米,建筑面积 6000 平方米。建筑坐北朝南,平面大致为 "凹" 字形,主体为钢筋混凝土结构的两层建筑,局部四层。建筑为法

---

27. 法国总会前日行开幕礼. 申报,1926-02-01.

"COME. AND DINE. AT THE. OPENING NIGHT"

NOTHING LIKE IT

IN SHANGHAI

STILL NOTHING LIKE IT

NOTHING ANYWHERE. LIKE IT

NOTHING EVER.

LIKE IT

OPENING THE CERCLE SPORTIF
Anticipation and Reality

OPENING OF THE NEW FRENCH CLUB

The Speeches: Friendship between Frenchmen in Shanghai and Other Foreigners: Secret of Club's Prosperity

The French have a unique way of entertaining on such occasions as the opening of the magnificent new home of Cercle Sportif Français and on Saturday they said many touching things which appealed to the huge throng of guests who were present.

M. Madier, President of the Club, presided over the ceremony and among the speakers were M. Jacques Meyrier, Consul-General for France, Mr. C. M. Bain and Mr W. J. N. Dyer. M. Madier was presented with a golden key as a souvenir of the occasion.

Opening the proceedings, M. Madier said:

Rather more than 21 years ago, in September, 1904, 17 Frenchmen of whom a few are still among us, decided at a meeting held at the old Hotel des Colonies, to start a French Sports Club. Installed, thanks to the kindness of the Municipal authorities, in a hut belonging to the military camp of Koukaza, our Club remained in these modest quarters till 1914. At that time, the number of members had increased to 305 and they transferred to a good building. Two years later, it was already necessary to think of doubling the premises. The new building was inaugurated

induced to build the splendid edifice that we are opening to-day. The Cercle Sportif Français numbers at the present time 2,615 members (including absent members—1,800 fear being pinched for room, for everything has been foreseen to allow of improving and increasing our new installation, if the need should make itself felt.

Increased Foreign Membership

There are numerous reasons for the successful development of an institution which is dear to us, the chief one being the good spirit of cordiality and of perfect understanding which has always reigned. Our foreign friends have become more and more numerous in the Club, and have remained, not only on account of the material advantages which they found there, but especially because the reception given to them was generous and cordial. The Club has been an admirable means of union, it has not only brought about the fusion of different elements in the French colony. In facilitating intercourse between Frenchmen and foreigners of other nationalities, it has enabled us to know them better and to be better known ourselves. So under our roof acquaintances

to be proud for, I declare loudly, no undertaking could be finer or more fruitful.

"So, before everything, I want to thank the foreign members of the Club for the large part, moral and material, which they have taken in its development. I wish too, to thank all those who have had faith in our undertaking and when things came to the pinch, have been conscious of assuming responsibilities and overcoming oppositions. Who can say to-day they were not right".

Municipal Council Support

"But, gentlemen, all that our efforts accomplished could not have ended in such a magnificent result, on which we are congratulating ourselves to-day, without a moral and material support which has been given us since the beginning and continued unfailingly until to-day with incomparable generosity—that of our Municipal Administration. It is to it we have owed being able to establish ourselves in conditions which no other undertaking in Shanghai can hope to find. We have thus contracted towards it a large debt of gratitude, and if we partially pay it off in contributing, by the influence of our activities, to the development and prosperity of the Concession, we shall discharge it specially by striving to make more and more perfect the enterprise which we have undertaken.

图 29 《字林西报》对法商球场总会新会所开业的报道，用漫画的形式表现开业场景

图片来源：North-China Daily News, 1926-02-01.

A GROUP OF DRESSES SKETCHED AT THE OPENING OF THE NEW CERCLE SPORTIF FRANCAIS ON
SATURDAY EVENING

(1) Blue grey moire silk with deep hem and collar of blue shaded to mauve georgette and pink rosebuds.
(2) Black cape with collar and large circles of red.
(3) Pama velvet embroidered with steel beads and bordered at the hem with grey lace and fur.
(4) Frock of all over diamante with deep bands of jewelled lace.
(5) Pastel blue georgette, the whole bodice and border of flounces of beads in pastel colours.
(6) Robe de style of silver grey taffetta with bands of green and pearl.

图 30 法商球场总会新会所开业第四天，《字林西报》用线描的形式描绘出其开业舞会时的女性服饰装扮
图片来源：North-China Daily News, 1926-02-03.

图 31 1926 年建成的法商球场总会新会所南立面历史场景
图片来源：熊月之，马学强，晏可佳．上海的外国人 (1842－1949)．上海：上海古籍出版社，2003.

国古典主义风格，并带有巴洛克装饰。整座建筑庄重典雅，追求完美的构图和精致的细部。南侧主立面左右大致对称，形成横五段、竖三段的古典构图（图 31）：底层仿粗石深缝砌筑，两翼拱券廊上二层为柱廊，左右各六根巨大的组合柱式承托起厚重的檐部。柱廊内墙面上开长方形落地门窗，其间设装饰性组合壁柱。建筑正中部分与东西两端形体略外凸，以更大面积的实墙面与两翼形成鲜明的虚实对比。底层券廊外设宽大的室外平台。屋顶花园设花架三组，望亭两座，炎炎夏日里，人们可以坐于花架之下或望亭之内，享受清凉与美景。

主入口设在建筑东端的迈而西爱路（Route Cardinal Mercier，今茂名南路）上，有宽大的方形门廊供小汽车直接开入，十分方便。门厅空间开敞，主要功能房间沿东西向轴线依次排布（图 32，图 33），除作为主交通的室内走廊外，建筑南侧设半室外券廊，与室外平台相连。平台南部大面积的草坪上设置了数量众多的网球场，为外侨的运动提供足够的空间（图 34，图 35）。

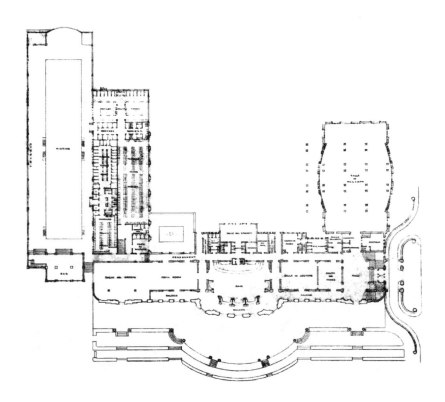

图 32　法商球场总会新会所一层平面（历史图纸）
图片来源：上海市城市建设档案馆.

法商球场总会新会所的室内设计深受装饰艺术派（Art-Deco）风格的影响。大厅天花顶部的线条装饰、环绕墙壁四周的腰线装饰、曲线处理的大理石楼梯、花叶装饰的铁艺栏杆以及大厅柱子细节处理等都格外别致（图36）。二楼前厅的框架柱由于空间高敞，柱子比例细长，建筑师巧妙地将柱子分为上下两段处理：上段与下段的比例约为1:2，上段用浴女浮雕做装饰，下段用大理石饰面，一白一黄、一柔一刚、一繁一简，对比突出又和谐统一，两段交接处做类似柱头的处理。浴女雕刻精美，为上海独存（图37）。

舞厅是法商球场总会会所中最豪华、有特色的空间，平面长 27 米，宽 14 米。西面设有一个夹层的小空间，既可以供乐队演出使用，也可以做高级观演包厢，两侧有对称的小楼梯联系上下。通过地坪高差界定出椭圆形的舞池空间和四周休息空间，舞池地面采用当时最先进的弹簧槭木地板。天花随舞池做成椭圆形，装饰有彩色拼花图案的玻璃发光顶棚。

图33 法商球场总会新会所沿街东立面入口的历史场景。建成时入口门廊为两层，后二层被拆除（大约 20 世纪 30 年代）
图片来源：http://www.virtualshanghai.net/Data/Buildings?ID=292.

图34 法商球场总会新会所大片的网球场地
图片来源：North-China Daily News, 1933-08-27.

图35 法商球场总会新会所网球场中运动的外侨
图片来源：网络，出处不详

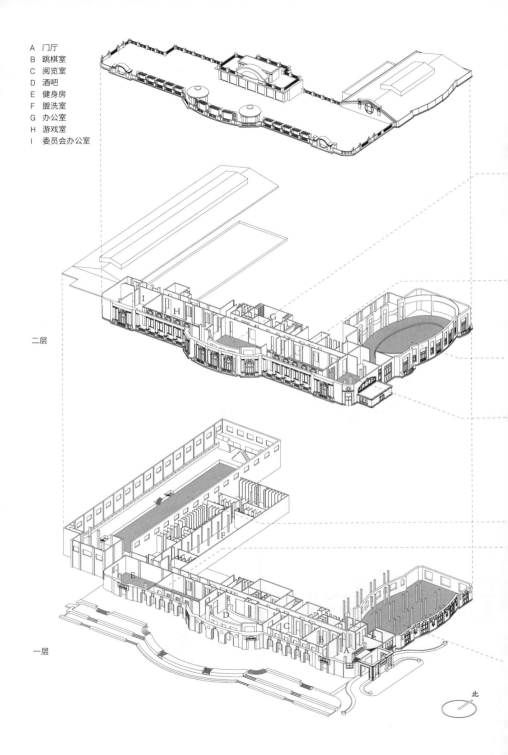

A 门厅
B 跳棋室
C 阅览室
D 酒吧
E 健身房
F 盥洗室
G 办公室
H 游戏室
I 委员会办公室

二层

一层

北

① 大餐厅（历史照片）

② 茶室（历史照片）

③ 舞厅（历史照片）

④ 二楼大厅（历史照片）

⑤ 游泳馆（历史照片）

⑥ 烤肉餐厅（历史照片）

⑦ 台球厅（历史照片）

图 36　法商球场总会新会所门厅内的楼梯（现状）
图片来源：作者拍摄 (2018)

图 37　法商球场总会新会所二楼门厅内柱子上部的浴女浮雕（现状）
图片来源：作者拍摄 (2018)

游泳馆与舞厅东西相对，泳池长 54 米，宽 10 米，用黑白釉陶铺砌而成，夏季经常举办各种游泳比赛（图 38）。冬季，泳池被覆盖起来，游泳馆就变成了羽毛球馆 [28]。

法商球场总会新会所雄伟的柱（券）廊、舒展的立面、比例完美的构图、精致的建筑细部、奢华的室内装修，以及古典宫廷风格与当时刚刚在上海出现的"装饰艺术派"风格杂糅并存的处理手法不仅给予总会殷实富有、值得信任的建筑形象，而且代表了法国古典主义俱乐部建筑在沪上的最高成就。总会主席麦迪耶（M. Madier）在开业典礼上如是说："我要在这里向设计这幢伟大建筑物的建筑师给以极大的赞誉。尽管一些装饰还没有完成，我们已经可以看出伦纳德先生和保罗·维赛尔先生作为建筑师所完成的艺术作品是多么伟大！除了带给我们所需的舒适品质，他们还给予了无与伦比的高雅设计风格和现代艺术，整座建筑以及建筑装饰带给我们极大的自信来展示法国艺术的伟大。" [29]

法商球场总会对会员没有严格的国籍限制和要求，属于一家国际性很强的俱乐部，因此，法商球场总会新会所开业不久就成为沪上风光无限的知名高级社交场所。榜上有名的重大活动，除了每年 7 月 14 日在此举办的法国国庆日庆祝活动外，1930 年 6 月 15 日，蜚声欧洲的法国著名钢琴演奏家华勒夫人在此公演；1931 年 10 月 4 日，丹麦社团为庆祝丹麦国王诞辰日在此大办宴会和舞会 [30]（图 39）；1934 年 5 月 3 日，波兰国庆节，该国驻华使署参议兼代理总领事郭雷新斯基（英文名不详）招揽中外各界名人在此举行盛大庆祝会 [31]；1939 年全年在此举办舞会近 80 场，而同年 6 月 10

图 38　1934 年，在法商球场总会新会所内举办一年一度会员子女游泳比赛后的现场合影
图片来源：The North-China Sunday News Magazine Supplement, 1934-09-16.

28. Badminton Prospects. North-China Daily News, 1926.12.02. 该报道称：游泳池正被覆盖起来，为日后的羽毛球表演赛做准备。
29. Opening Of The New French Club. North-China Daily News, 1926-02-01.
30. The North-China Sunday News Magazine Supplement, 1931-10-04.
31. 下月三日波兰庆祝国庆 假法国总会招待各界. 申报, 1934-04-23..

日晚，由于在此上演西班牙歌舞表演受邀的来宾太多，而不得不动用总会会员加入为演出服务的行列；1942 年 6 月 5 日，英、法、俄、德、奥、瑞士等国著名画家联合在此举办了为期一周的公开书画展览。

太平洋战争后，日军强征迈而西爱路 58 号的法商球场总会新会所作为其司令部的俱乐部。第二次世界大战结束后，这里一度作为驻沪美军俱乐部。新中国成立后，新法商球场总会先是作为上海市体育馆的外场——上海市体育（运动）总会，1954 年更名为"上海市政协文化俱乐部"，直到 20 世纪 80 年代，被改建为五星级宾馆——"上海花园饭店"的裙房。按照宾馆要求，主入口被改至南侧正中，并安装了弧形玻璃雨篷，入口、大堂、中庭和大小宴会厅、酒廊、商店等处也都做了相应改造，南侧的回廊加装了落地窗；但是，建筑整体外貌以及东侧门厅、大楼梯、舞厅内部的彩色玻璃天棚和弹簧地板等都仍旧保持了当年的样貌。

据文献考证，在 20 世纪上海中英文报刊的新闻报道中，"法商球场总会"经常会被简称成"法国总会"，从而导致这两个名称在后世相关史料中的混淆不清。实际上，"法国总会"是另外一个俱乐部组织，建立的具体时间不详，其会所规模较法商球场总会会所也小很多（比如，两个俱乐部都设有网球场，法国总会只有两个单打场地，而法商球场总会拥有室外正规网球场 30 多个）。《上海 1908》一书的作者曾在书中编译了 1908 年《上海世纪商埠志》关于法国总会（书中使用英文译名"French Club"）的一段内容："法国总会作为法租界义勇队和救火队成员的社交场所，成立已有若干年。现任会长是贝尔泰（A.Berthet）。位于孟斗班路（Rue Montauban，今四川南路）法国邮局对面的会所大楼内有 1 间台球室、1 间阅览室、1 间酒吧以及其他设施。"[32]

图 39　丹麦国王诞辰日当天，上海丹麦社团成员在法商球场总会新会所聚会庆祝的场景
图片来源：The North-China Sunday News Magazine Supplement, 1931-10-04.

32. 夏伯铭. 上海 1908. 上海：复旦大学出版社, 2011.

救火队由志愿者组成，负责租界早期的灭火事宜，由 1866 年成立的工部局消防部门的火政处（Shanghai Fire Department）管理。由于救火队最重要的设施是"水龙带"，因而火政处又被称为"水龙公所"。有趣的是，1922 年，在《字林西报行名录》中出现一个法文名称"Cercle Français"，中文译名"水龙总会"的俱乐部，会所地址是公馆马路 (Rue Du Consulat, 今金陵东路)8—10 号，而在 1927 年的《字林西报行名录》中，同样法文名称"Cercle Français"的俱乐部中文译名则为"法国总会"，其会所地址为环龙路（Route Vallon， 今南昌路）11 号。

1931 年，法国总会从法公董局手中获得了环龙路上的另一块面积 5 亩（约 3333.5 平方米）的土地 [33] 后建设会所，1932 年 6 月会所竣工后开业 [34]，具体地址为环龙路 55 号，即今天的南昌路 57 号。

这是一座带有西班牙风格的建筑（图 40），坐北朝南，建筑南面一块不大的草坪中设置了两个网球场。

建筑主入口设在环龙路上，一个小小的门廊连接着室内狭长的门厅，门厅的南部连接着棋牌室，门厅西侧是整幢建筑的中心——酒吧和台球室，两个空间必要时可以合二为一，间隔一条内部用于交通兼观赛的走廊，北侧与之平行布置的是保龄球室。保龄球室地坪标高比酒吧、台球室及门厅低，需要上行 4 节踏步与门厅相连。酒吧和台球室的南侧是通长的外廊，直接面对室外平台和活动场地（图 41）。二楼最大的空间是设在棋牌室上方的阅览室，内部有门通向屋顶平台。

和法商球场总会新会所一样，法国总会会所也为赉安洋行设计，外观虽带有西班牙风格，但室内装饰风格也同样深受装饰艺术派风格的影响。从酒吧间的历史照片可以看出：其地板为几何形的拼花地板；框架柱上用纤细的几何线条模拟出柱础、柱身与柱头，造型抽象、简洁有力；顶部井字梁的线脚装饰干净大气；木质的门扇采用了细格窗棂的几何形式，造型简洁，尺度亲切。

1937 年，法国总会会所改建。保龄球室上方加建，变为两层，并整体向街道方向延伸出约两米。大概是为了减少由于空间扩张带来的对街道的压迫感，北立面底层由原来封闭的墙体改变为与街道空间联系紧密的券廊形式（图 42）。

33. 法国总会新基地 . 申报 , 1931-08-05.
34. 上海市城建档案馆档案。请照单申请时间为 1932 年 1 月 29 日，竣工时间为 1932 年 6 月 10 日。

A 棋牌室
B 大厅
C 观赛廊
D 台球室
E 后勤区域
F 保龄球室
G 阅览室
H 会议室

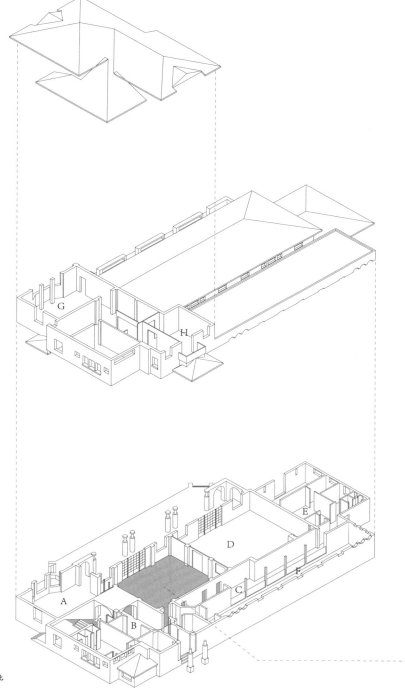

二层

一层

北

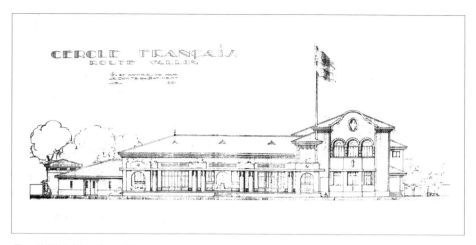

图 40 法国总会南立面（历史图纸）
图片来源：李燕宁提供

① 酒吧内景（历史照片）

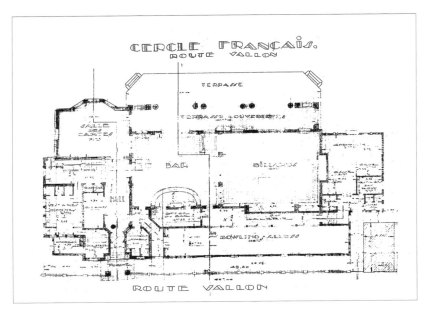

图 41　法国总会一层平面（历史图纸）
图片来源：李燕宁提供

图 42　1937 年完成改造的法国总会会所沿环龙路的历史场景
图片来源：http://www.virtualshanghai.net/Data/Buildings?ID=292.

熊佛西楼与德国花园总会（Deutscher Garten Klub）

在今天静安区华山路 630 号上海戏剧学院的校园内，有一座漂亮的外廊式小楼，名叫"熊佛西楼"（图 43）。现有大多数历史研究及网络资料皆认为这座小楼的前身是第二次世界大战后建造起来的"德国花园总会"（Deutscher Garten Klub）。然而有两个明显的疑点：

（1）熊佛西楼当年的地址是"海格路（Haig Road，今华山路）452 号"，而史料上记载的德国花园总会的地址却是"海格路 454 号"，门牌号的差异是研究资料中的笔误还是它们根本就不是同一座建筑？

（2）从建筑形式上看，熊佛西楼属于典型的外廊式建筑，这是上海 19 世纪后半期殖民建筑的特有形式，出现在 20 世纪 20 年代的德国花园总会是否还会坚持使用外廊式？

通过对上海戏剧学院退休老教师的多次走访，得到更多印证的信息是：此楼曾是"台尔蒙（俱乐部）"，难道德国花园总会另有其楼？

在由上海戏剧学院编著，2014 年 10 月由中国戏剧出版社出版发行的一本书——《我们的校园》中，有一张 20 世纪 80 年代被拆掉的原学院图书馆的历史照片——一幢西班牙摩尔风格的二层小楼，非常精致，就位于熊佛西楼的旁边（图 44）。翻阅史料，有关德国花园总会会所改建完成后正式的开业报道出现在 1928 年 2 月 18 日的《北华捷报》上，而且还附有一张总会会所的照片（图 45）。历史的真相是：这座摩尔风格的小楼才是名副其实的德国花园总会；德国花园总会是邬达克洋行成立初期的一个设计改造项目，而担纲建筑师就是后来大名鼎鼎的拉斯洛·邬达克。

第一次世界大战期间，曾在 1904 年建造于西江路（Sikiang Road，今淮海中路东段）的德国花园总会（又被叫作"德国花园总会"或"德国乡村俱乐部"）被合法拍卖后拆除，战后陆续返沪的德国侨民只得重新寻找合适的场所开展各项社交活动。1926 年 6 月 27 日，新的德国花园总会开业，地址为大西路（Great Western Road，今延安西路）60 号，各项设施非常简陋。总会主席梅尔歇斯（Melchers）在开幕式上讲话，声称这个总会是战前德国花园总会和外滩康科迪亚总会的延续，一年后总会将另辟新址，重振昔日辉煌[35]。

1927 年 6 月 26 日，德国花园总会迎来了乔迁之喜，新址是不远处的海格路（Haig Road，今华山路）454 号。与德国花园总会新址毗邻的海格路 452 号就是前文提到的

---

35. German Country Club: Official Opening of New Premises on Great Western Road. The North-China Herald and Supreme Court & Consular Gazette, 1926-07-03.

图 43 熊佛西楼（现状）
图片来源：作者拍摄 (2017)

图 44 上海戏剧学院原图书馆历史场景，西班牙摩尔风格
图片来源：张伟令.我们的校园.北京：中国戏剧出版社，2014.

第 4 章 曾被误读的俱乐部建筑

THE NEW GERMAN COUNTRY CLUB.

Photo by Lai Chong

NEW GERMAN COUNTRY CLUB

Old Institution on Still Older Grounds: Memories of "Farmer" Shaw and Modern Transformations

One rarely ever picks up a magazine devoted to the home beautiful nowadays, but that some mention is made of remarkable architectural transformations. A barn is turned into a bungalow with apparent ease, and a chimney-piece into a kitchenette.

A charming example of how these transformations are done is to be found locally in the new German Country Club (Deutscher Garten-klub) situate at 454 Avenue Haig, a delightful edifice reminiscent of the good old days of Shanghai when "Shaw's Farm" was a landmark in the then Siccawei Road.

"Farmer" Shaw

Those amongst the local foreign community who count their residence in Shanghai in tens and twenties of years will remember this as the property of Mr. R. W. "Farmer" Shaw, a sportsman of high quality, for many years the Master of the drag hounds, and a well known figure in the sparsely foreign populated Shanghai of those days. "Farmer" Shaw purchased this estate and built his house there about 1898 and conducted thereon a flourishing dairy farm for many years. This farm was a link with several others for which he was deservedly famous, there having been previous farms in Pootung, in what is now the Bubbling Well district behind Bickerton's Hotel, and still others in the present Jessfield Road near the Ewo cotton-mill and a point on the Soochow creek near one of the present big Japanese cotton mills.

Besides being a noteworthy dairy farmer, the late Mr. Shaw managed the drag hounds, as has been said, and was the owner of several famous ponies, one a big grey which

the hopes of the club will be realized and a swimming bath grace the old pasturage land adjoining.

Full-fledged to View

The Committee of the Deutscher Gartenklub have been so quietly carrying out their plans since last August that the new club appears full-fledged before the public view. A formal opening for members only was observed on January 29, with a banquet and dance. Guest of honour at this was Mr. A. Korff, one of the founders of the first country club for the German community once situated in what was later designated as Verdun Gardens.' The function took place in the main ballroom of the club, a long gallery with beautifully parqueted floors and decorated in simple and effective taste in tones of brown and buff. Brown wicker furniture has cushions of tan-coloured Swiss silk piped in brown, and window hangings are of pongee. At the back of the room a unique panorama is afforded by stained glass windows in subdued colouring, depicting ships buffeted by the sea. Wrought iron designs make silhouettes on the ceiling-lampshades which hang from iron chains, part of the clever, decorative scheme worked out by Mr. S. Kapper who was responsible for many other effective touches.

Steins and Their Setting

Behind the long room, wherein can be seated with ease more than 100 guests at long tables, is the bar. Unique treatment of its walls gives here the impression of an old tavern, and in course of time it is imagined that a few steins for the national drink will enhance still more this compact and hospitable gathering ground. Beyond is the winter

and having dark red tile roofs. The lay-out of the garden, drive-way and paths, which has been in the charge of Mr. Koehler, provides a charming setting for the building itself, and one notes with particular pleasure the old magnolia-tulip tree spreading in front of the building and of an equally old cedar tree round which the motor drive circles. Parking space for cars is being built now and takes care of the practical angle of the approach.

At the present time the German Country Club has a membership of 320 members who are looking forward to the use of the six hard tennis courts and the two grass ones which are being prepared now for the coming summer. Membership is not restricted as to nationality, but so rapidly has the club grown recently that it is thought likely some sort of restriction may have to be put on numbers in the future.

Mr. Hudec, the local architect, was responsible for the first plan of the clubhouse and all the interior furnishings were in the charge of Mrs. L. Junginger and Mrs. J. Bandow, wives of the president and vice-president of the club.

The Inner Man

Every Wednesday night has been set aside for a special national dish and members can put in their bid for the form which this is to take. A cook trained in a German hotel in Tsingtao will supervise the cuisine.

The Committee responsible for this pleasure ground for the 1500 to 1600 members of the local German community are Mr. J. W. Bandow, president; Mr. L. Junginger, vice-president; Mr. C. Behncke, secretary; Mr. E. Warneken, treasurer; and Messrs. Adamczewski, H. Erich, H. Groesser, F. Klein, and A. Koehler.

In conclusion it can be said that the new clubhouse is in every respect an asset to the foreign community of Shanghai.—L.R.W.

图 45 《北华捷报》对改造完成的德国花园总会会所的开业报道

图片来源：The North-China Herald, 1928-02-18.

那幢外廊式小楼（今熊佛西楼）[36]，建于 1902 年，砖木结构，方方正正，构架严实，形体比例和谐，建筑细部精致。20 世纪二三十年代，这座小楼以"台尔蒙（俱乐部）"（Del Monte Café）[37]（图 46）之名招摇沪上。

海格路 454 号的这块地原本归外侨中有名的运动达人肖（R. W. Shaw）所有。肖曾是一名优秀运动员，1898 年买下此处建造自己的住所和农场，经营并蓬勃发展奶牛场很多年。除此之外，肖还饲养矮种马用于赛马，他的马匹因得过许多大奖而名声远扬。德国花园总会基本上就是在原有农场马厩的基础上改建而成，改建工程于 1928 年 1 月 29 日全部完工后正式开业[38]。

经过邬达克设计改建后，会所的主入口北向。主体底层为具有西班牙摩尔风格的尺度小巧的券柱廊，柱子纤细，比例优美，廊内为连续交叉拱顶，非常有特色。主体二楼正中两扇落地窗户下设铁艺阳台，下由曲线形牛腿承托。屋檐出挑深远，为平缓四坡顶。建筑东西两翼为一层，平屋顶，可上人，其南立面设落地券窗，窗外设室外活动平台（图 47）。

会所一层设有保龄球室、酒吧、舞厅、乒乓球室和餐厅。原有大面宽的牛舍被改建成保龄球室。可以轻松容纳百人聚会的酒吧被装饰营造出乡村老酒馆的氛围。舞厅室内由卡佩（S. kapper）设计，风格简约：精美的木地板，棕色和浅黄色的主题格调，用瑞士丝绸制成的棕褐色靠垫点缀着棕色柳木家具，悬挂的铁艺灯具，用彩色玻璃描绘出海浪与船只景观的后墙面……建筑侧面原作为牛诊所的小屋也被改建成了半室外餐厅[39]（图 48）。

会所二层有一间配备钢琴的会客厅、一间装饰考究的图书室兼写字间，以及一间设置壁炉可以容纳 20～30 人用餐的小餐厅。会所花园内景观设计由克勒（Koehler）负责：建筑物前面绵延开来的是郁金香和白玉兰树，围绕着车道种植的是姿态奇骏的雪松（图 49）。除了停车场，会所南面设置了大面积的活动场地——6 个网球场和 2 个草地网球场[40]（图 50）。

36. From Day to Day. North-China Daily News, 1927-06-28.

37. 中文杂志《电声》（上海）1937 年第 6 卷第 11 期中曾有一条名为"全沪舞场严遵禁令 / 台尔蒙被强制打样，兴冲冲的舞客都失望而回"的报道："上海的跳舞场，无论租界华界本来都是规定每夜间一律在早上两点打样，……华界诸舞场既一律就范，然沪西越界筑路中，还有一家舞场台尔蒙却不照办，……警察局当局……这一夜，被阻的舞客很多，结果都败兴而返。"（原文断句俱用顿号，此次引文按现代语法修正）

1945 年，海格路 454 号被国民党中央宣传部的中央电影企业股份有限公司接管，中电二厂入驻此地，并将其改适用做台尔蒙录影棚和行政办公室。2000 年，上海市文化局下文拨款对其进行了大修，基本按照原样恢复了该楼的历史风貌，并将该楼命名为"熊佛西楼"，以纪念为上海戏剧学院发展作出杰出贡献的熊佛西先生。2003 年 5 月，熊佛西楼被上海市人民政府列为第 4 批上海市优秀历史建筑。

38. New German Country Club-Old Institution.on Still Older Grounds: Memories of "Farmer" Shaw and Modern Transformations. The North-China Herald and Supreme Court & Consular Gazette, 1928-02-18.

39. 同上。

40. 同上。

图 46 20 世纪 30 年代风靡沪上的台尔蒙（俱乐部）
图片来源：网络，出处不详

图 47 德国花园总会新会所南向平台上的聚餐场景
图片来源：The North-China Sunday News Magazine Supplement, 1933-09-17.

图 48 德国花园总会新会所半室外餐厅
图片来源：同上

图 49　德国花园总会新会所入口及周边环境
图片来源：The North-China Sunday News Magazine Supplement, 1933-09-17.

图 50　德国花园总会新会所南向网球场地
图片来源：同上

1928 年，德国花园总会的会员数达到 320 人。每周三晚上，总会都要举行特殊的民族晚宴，由来自青岛德国酒店的厨师担任主厨。每逢重要社交事宜或重大节日，德国花园总会都会热闹非常。例如，1931 年 10 月 15 日晚，中德友谊会在此联欢，席间，著名德医博罗博士演讲《上海之传染病及其预防方法》，后又放映德国运动影片[41]。1936 年 5 月 1 日，德国国庆纪念日，"沪上该国官民准备热烈庆祝，……下午三时三十分起至晚八时止，大西路德国学校内举行游艺会，有各种音乐表演运动等节目。晚间十时，所有德侨齐集海格路德国花园总会，恭聆柏林广播之该国元首希特勒等政府当局无线电演说"[42]。此外，这里还常外借给其他国家的外侨组织或团体举办各种聚会、会议和比赛。

20 世纪 40 年代，德国花园总会会所一度变身为上海"三民主义青年团"系统的青年馆。1955 年，上海戏剧学院进驻该地块，青年馆变身为校图书馆，直到 20 世纪 80 年代，为辟场地建设新实验剧院，这座老图书馆——昔日的德国花园总会会所被彻底拆除。

41. 中德友谊会开会志 . 申报 , 1931-10-17.
42. 德侨今日庆祝国庆 领署招待外宾 . 申报 , 1936-05-01.

结　　　语

CONCLUSION

独特的社会因素与经济因素催生了上海 19 世纪独特的俱乐部文化。对于沪上俱乐部建筑的发展，功不可没的还有当时城市公共事业的建设、健全以及国际先进建筑技术的影响，它们共同打造了上海俱乐部文化的壮丽景象。

（1）城市道路交通系统——记录了俱乐部建筑的蔓延足迹 现代化城市道路交通系统的建设是经济与社会结构因素之外另一个促进上海外侨俱乐部发展的物质条件。1845 年，在第一个《土地章程》签订之后，英国人就开始着手规划租界内的城市道路。19 世纪 60 年代，上海租界内已经筑成道路 20 多条，工部局甚至以清廷"借师助剿"为由越界筑路，至 1925 年，投入使用的上百条马路初步形成了上海的道路交通网络。租界内的道路不仅建设数量多、范围广，而且道路宽、质量高。部分主干道宽达 18 ～ 21 米，普通道路在 10 ～ 15 米上下，道路间隔一般在 100 米以下，有的仅 40 ～ 50 米 [1]。工部局于 1862 年引进当时西方的道路建设新工艺：道路两侧砌石，中部铺设沥青和混凝土，路面下设置城市排水系统。

完整城市道路系统的成形以及人力车、马车、电车、小汽车等交通工具的相继出现和使用，使得外侨俱乐部在城市区位中的布局呈现出沿交通干道分布的线性状态：当宽阔平坦的堤岸大道替代黄浦江边泥泞难行的纤道时，第一批外侨俱乐部建筑就抢占有利地势，在外滩一字排开，如上海总会、共济会俱乐部等；静安寺路（Bubbing Well Road，今南京西路）的开通促使第一个乡村俱乐部——斜桥总会的建成和开放；大西路（Great Western Road，今延安西路）的开通催生了瑞士总会、美国哥伦比亚乡村总会、德国花园总会的落成；北四川路（North Szechuen Road），今四川北路）的尽端发展成为虹口地区外侨俱乐部的聚集地；霞飞路（Avenue Joffre，今淮海中路）成为串联法租界大多数俱乐部的交通命脉。电车与汽车等先进的现代交通设施不仅助力延伸城市道路，更将人流输送到了道路的更远方——乡村俱乐部和郊外运动场 (图 1)。

（2）城市照明系统——拉开了俱乐部"夜生活"的帷幕 昏暗的油灯一直是中国城市传统的夜间照明，直至 1864 年，英商在上海租界建成了大英自来火房，并于第二年向租界居民供应煤气，家用油灯照明的使用走向终结点。1865 年 12 月 18 日，南京路（Nanking Road，今南京东路）上正式点燃了煤气街灯。观赏煤气街灯照耀下的城市景色成为当时夜晚让上海市民流连忘返的一件乐事，"租界中地火如林，夜游无需（须）秉烛。" [2] 照明方式的改变就此拉开了租界地真正意义上城市娱乐夜生活的帷幕，而外侨俱乐部正是其受益者。1879 年 5 月，上海总会为美国离任总

---

1. 杨文渊 . 上海公路史 (第一册)：近代公路 . 北京 : 人民交通出版社 , 1989.
2. 春申浦竹枝词 . 申报 . 1874-10-16.

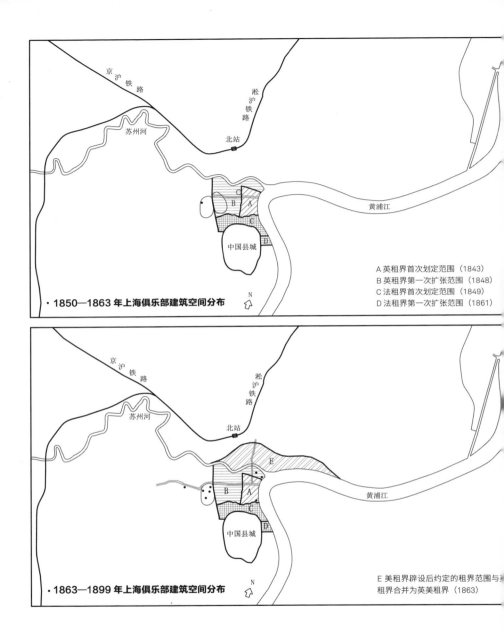

A 英租界首次划定范围（1843）
B 英租界第一次扩张范围（1848）
C 法租界首次划定范围（1849）
D 法租界第一次扩张范围（1861）

· 1850—1863 年上海俱乐部建筑空间分布

E 美租界辟设后约定的租界范围与
租界合并为英美租界（1863）

· 1863—1899 年上海俱乐部建筑空间分布

近代上海外侨俱乐部建筑的空间分布与租界的扩张几乎"同步"。这种同步在空间向度上首先表现为租界的发展由东向西、向北。随之在公共租界中，俱乐部建筑的建造先由外滩一带沿南京路、静安寺路向西延伸，再向大西路沿线延伸，又沿北四川路向北至虹口娱乐场和江湾一带延伸（在法租界，俱乐部建筑集中在霞飞路一带并向西延伸，但特征不如公共租界明显）。其次，这种同步在时间向度上表现为伴随上海英租界的成型和扩展早于法租界这个事实，公共租界俱乐部建筑的出现和发展在时间上也早于法租界：1900 年之前，沪上俱乐部建筑几乎全部集中在外滩和静安寺路一带，而当时法租界内并未建造俱乐部建筑。1900 年后，俱乐部建筑成为法租界迅猛发展的代表性产物。另外一个值得注意

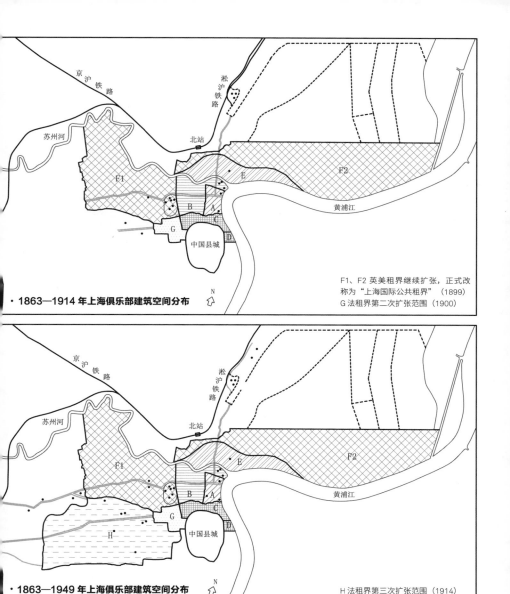

· 1863—1914 年上海俱乐部建筑空间分布　　　N↑

F1、F2 英美租界继续扩张，正式改
称为"上海国际公共租界"（1899）
G 法租界第二次扩张范围（1900）

· 1863—1949 年上海俱乐部建筑空间分布　　　N↑

H 法租界第三次扩张范围（1914）

的现象是，一半以上数量外侨俱乐部建筑的建造比租界扩张在时间上具有"提前性"，即外侨俱乐部以"越界租地"的
行为与"越界筑路"的措施相结合，成为促成或加速租界扩张的一大推动力。

图片来源：作者绘制
参考：熊月之.上海通史（第三卷）.上海：上海人民出版社，1999.
　　　白吉尔.上海史：走向现代之路.王菊，赵念国，译.上海：上海社会科学院出版社，2014.

图1　1908年，静安寺路开通了有轨电车，使得斜桥总会更容易到达

图片来源：姚丽璇. 美好城市的百年变迁：从明信片看上海 (上). 上海：上海大学出版社 , 2010.

统尤利塞斯·辛普森格·格兰特（Ulysses Simpson Grant）来沪而举办的欢迎舞会一直持续到凌晨三四点钟[3]，欢迎字样的煤气彩灯彻夜常明。

1882年，英商上海电光公司成立，电灯代替煤气灯用更加高效的光明点亮上海的夜晚。舞会、戏剧表演等成为城市夜晚的风行娱乐项目，"通宵达旦"与"灯红酒绿"也像强劲的风势一样将沪上俱乐部的建立之火吹得越来越旺。

（3）城市水务系统——打造了俱乐部活动的时尚新宠　1881年，英商上海自来水公司成立。1883年6月29日，李鸿章亲启水阀，向公共租界供应自来水，起初仅供市政用水，后正式向居民供水。19世纪90年代，自来水在上海普及。1892年7月16日，跑马厅的公共运动场内上海第一个室外游泳池建成开放，之后的三十多年间，游泳池成为上海外侨俱乐部建筑加建或新建必备的重要设施之一。1905年，划船总会在苏州河畔的会所中设立了上海第一个室内游泳池；1907年，工部局在北四川路靠近新公园的地方建造了有屋盖遮蔽的公共游泳池，1922年又在虹口娱乐场东北部临江湾路（Kiangwan Road，今东江湾路）上建造了虹口露天游泳池 (图2)；1924年建成的美国哥伦比亚乡村总会会所中设有能进行正规游泳比赛的室外游泳池，并配备了完备的洗浴设施（图3）；1926年建成开业的法商球场总会新会所中设置

---

3. 舞会纪盛 . 申报 , 1879-05-23.

图 2 1922 年建造的虹口露天游泳池，该泳池于 1928 年起向华人开放
图片来源：上海图书馆. 老上海：体坛回眸卷. 上海：上海文化出版社, 2010.

图 3 哥伦比亚乡村总会会员的孩子们在会所游泳池运动玩耍
图片来源：North-China Daily News, 1935-08-18.

了大型的室内游泳池和可移动看台；1928年，斜桥总会会所进行二次扩建时，增设浴室和一个室内温水游泳池。

除游泳池外，城市水务系统的发展还将洗浴变成俱乐部活动中的一个新娱乐项目。1925年建成开业的美国总会会所半地下室里设置有别具特色的土耳其浴室，1934年建成的跑马总会新会所内部也设置有毫不逊色的豪华浴室[4]。

（4）国际建筑技术革命——引领了沪上俱乐部建筑的摩登时代 19世纪，英国的工业革命带来建筑材料和建筑结构技术突破性的飞速发展，建筑领域经历着建造理念与空间理念上的巨大变革：1843—1850年设计的巴黎热纳维耶夫图书馆和1846—1849年设计的英国伦敦煤炭交易所最早运用了裸露的铁框架结构。1884年，芝加哥工程师威廉·勒巴隆·詹尼（William Le Baron Jenney）在其设计建造的芝加哥保险公司大厦中第一次采用了钢框架结构承重体系。1886年，法国人开始将钢筋混凝土技术广泛应用在房屋建造中……

开埠后，殖民掠夺裹挟着各种国际新知识、新技术、新观念泥沙俱下地涌入上海滩。1863年，上海租界第一家煤气厂——大英自来火房炭化炉房的储气柜采用了钢结构，这是上海第一次在建造中使用了钢铁这种新材料。1874年建造的兰心大戏院观众厅采用了露明铸铁框架结构，纤细的铁柱直达屋顶，支撑起穹窿结构的肋架拱，一层和二层楼座的侧边悬挑构件是经过艺术加工的铁梁，这是铸铁框架结构在沪上公共建筑中的首次运用。1899年1月1日，第一幢全钢结构建筑——南京路工部局市政厅旁边的中国菜场建成开业。建筑为两层，全钢框架结构，钢筋混凝土楼板，屋顶采用钢屋架及玻璃天棚覆盖，全场可容纳466个摊位（图4）。1906年，工部局改建苏州河上的外白渡桥，采用了全钢桁架结构（图5）。1908—1910年，由姚新记营造厂承建的美商德律风电话公司大楼是上海第一座完全采用钢筋混凝土框架结构体系的建筑。1911年，新建成的上海总会会所采用了钢筋混凝土框架、墙体混合承重的结构体系和钢筋混凝土筏形基础。其他诸如法商球场总会新会所、美国总会会所、跑马总会新会所等都是近代沪上运用新结构和新材料的建筑典范。

根据所处的位置及其基地环境特征，上海外侨俱乐部建筑大致可以分为"城市俱乐部建筑"和"乡村俱乐部建筑"两类。二者的基地环境特征差别很大，俱乐部建筑在总图布局、立面形象及建筑与环境的关系等问题上也存在明显差异。

（1）城市俱乐部建筑 这种类型的俱乐部用地有限，建筑往往紧临城市道路建造，布局紧凑，与城市街道景观关系密切，入口必然也设在城市道路一侧。因此，沿街入口立面就是建筑的主立面，沿街的建筑形象代表了建筑的主体形象。

---

4. Palatial Grand Stand. North-China Daily News, 1934-02-28.

图 4　1899 年建成的中国菜场
图片来源：上海图书馆. 老上海：建筑寻梦卷. 上海：上海文化出版社，2010.

图 5　上海外白渡桥历史场景
图片来源：姚丽旋. 美好城市的百年变迁：从明信片看上海（上）. 上海：上海大学出版社，2010.

(2) 乡村俱乐部建筑 这种类型的俱乐部由于大多为"越界租地"，在建造之初尚归属租界外的"乡下"，用地宽松，占地面积较大，建筑的布局受周边环境的影响较小。俱乐部建筑充分考虑日照，均坐北朝南，面对花园及运动场的南立面成为建筑主立面。入口设在北面或东、西面与"越界修筑"的城市道路连接，有的形成内聚型的入口庭院，既保证了乡村俱乐部的私密性，又方便了汽车的停靠（图6）。

因为乡村俱乐部距离市区较远，大部分会员需要乘坐汽车或者马车到达，所以建筑入口处通常设置门廊，既强调了入口空间，又为乘车人提供了方便，特别是在下雨的时节，门廊非常实用，例如斜桥总会会所、法商球场总会会所、哥伦比亚乡村总会会所等（图7—图11）。有意思的是，有入口庭院的俱乐部，通常会在门廊前种植一棵大树作为建筑"前奏"。

相较城市俱乐部建筑，乡村俱乐部建筑由于室外设置运动场地和花园，为应和在高处观赛和赏景的绝佳视野，屋顶平台的设计几乎成为乡村俱乐部建筑的"标配"。

沪上外侨俱乐部延绵一个多世纪的兴衰书写了一部近代上海生动的生活史和娱乐史：社交、健身、狂欢、音乐、戏剧、西式大餐、化装舞会、文艺沙龙、体育竞技……俱乐部多姿多彩的生活与娱乐景象被各种已经泛黄的报纸杂志封存在字里行间，留存至今。

(1)《字林西报》(*North-China Daily News,* 图12—图17) **与《字林西报行名录》**(*The North China Desk Hong List*) 字林洋行是19世纪英商在上海创办的最主要的新闻出版机构，也是当时英商在华最大的报业印刷出版集团，它旗下有一系列中英文报纸，具体而详尽地记载了近代上海百年的社会场景。1850年8月3日，英国商人亨利·希尔曼[5]（Henry Shearman）在上海创办《北华捷报》（*North-China Herald*）周刊。1856年，增出日刊《每日航运新闻》(*Daily Shipping News*)；1862年，该日刊更名为《每日航运和商业新闻》(*Daily Shipping and Commercial News*)，1864年，更名为《字林西报》，独立发行。同时，《北华捷报》作为《字林西报》所属周刊，继续刊行。1951年3月，《字林西报》正式停刊时，时光已流走了一个多世纪。《字林西报》是近代上海重要的西文日报，发行量巨大，涉及政治、经济及社会生活的方方面面，自然少不了对外侨俱乐部种种情况的记录，诸如俱乐部的建设、开业、庆祝活动、重要人物来访等"重要事件"，以及聚会、舞会、委员会名单、活动公告、会议公告、比赛公告、邀请公告等"日常事件"。对于重要的俱乐部活动，《字林西报》往往用大篇幅详尽报道。报道的形式包括文字、场景照片、甚至漫画。

图6　斜桥总会会所总平面图
线图来源：张震西．上海市行号路图录．上海：福利营业股份有限公司，1947.

图 7　斜桥总会会所入口门廊

图片来源：姚丽旋. 美好城市的百年变迁：从明信片看上海（上）. 上海：上海大学出版社，2010.

图 8　法商球场总会会所入口门廊

图片来源：作者拍摄 (2017)

图 9　法商球场总会会所入口门廊
图片来源：作者拍摄 (2017)

图 10　哥伦比亚乡村总会会所入口门廊，一棵大树种植在门廊前
图片来源：作者拍摄 (2016)

图 11　南京西路 722 号原犹太总会会所入口门廊，一棵大树种植在门廊前
图片来源：作者拍摄 (2016)

Laying of New Race Club Foundation Stone

SHANGHAI TURF HISTORY

Mr. Burkill Performs Ceremony and Gives Interesting Details

PILE TO REST ON BOBBERY BOOK

THE RACE CLUB'S NEW HOME

A view of the imposing tower and part of the members' stand on the handsome new building designed by Messrs. Spence, Robinson & Partners for the Shanghai Race Club to replace the 70-year-old building demolished last week.

MAJOR LEAGUE BASEBALL

Bad Day for National Leaders: Yankees Draw Farther Away

ATHLETIC MEETING THIS AFTERNOON

VERITY ALMOST UNPLAYABLE

First Double Century Goes to Walters

WEST INDIES EARLY BEAT CAMBRIDGE

HUNGJAO GOLF CLUB

Mrs. Burton Wins Hope Challenge Cup

CHOCOLATE RETAINS WORLD TITLE

THE DAVIS CUP TOURNAMENT

Canada Eliminated by United States

SOUTH AFRICA MAKING GOOD START

SOCCER'S BIG GIFT TO CHARITY

图 12　《字林西报》对跑马总会新会所大楼奠基的报道

图片来源：North-China Daily News, 1933-05-21.

图 13　《字林西报》对划船总会的活动报道
图片来源：North-China Daily News, 1933-06-11.

Our local Heath Robinson decides that a red jacket is not worth while

图 14 《字林西报》刊登的为撒纸赛马总会举办的比赛所绘制的场景图
图片来源：North-China Daily News, 1921-12-10.

BY ROBERTA B. PATERSON.
Designed and drawn for the "North-China Daily News."

Suggestions for costumes for the Children's Fancy Dress Ball at the French
Club on February 27. 1—Polly Peachum, 2 and 3—Harlequin and Columbine.
4—Powder puff with little mirrors slung round the waist, 6—Clown,
7—Duckling, 8—Crusader.

图 16 《字林西报》刊登的设计草图，展现的是为参加第二天法商球场总会举办的儿童舞会的小朋友所设计的华丽服装
图片来源：North-China Daily News, 1925-02-16.

自 1872 年起，字林洋行每年 1 月发行一本《字林西报行名录》[6]，汇集上一年上海的俱乐部团体信息，内容包括俱乐部名称、地址、委员会负责人、电话号码等。本书中涉及的俱乐部名称（包括中文译称）、数量、地址等基本信息大多出自 1872—1941 年的《字林西报行名录》。

(2)《上海社会》（Social Shanghai，图 18） 这是由英国的米娜·肖罗克（Mina Shorrock）夫人于 1906 年 2 月在上海创办的英文月刊，1913 年 6 月正式停刊。《上海社会》记录了外侨特别是英侨在上海的生活，对时装、音乐、体育、娱乐等予以了重点关注，其中大量印刷精美的摄影作品难能可贵地留存下俱乐部各种活动的详实场景（图 19）。

当时活跃在上海社会生活记录第一线的纸媒，西文报刊另外还有《大陆报》（China Press）、《德文新报》（Der OstasiatischeLloyd）、《法文上海日报》（Le Journal de Shanghai）等，中文报刊有《申报》《图画日报》《点石斋画报》等。

一个多世纪后的今天，研读泛黄的报纸杂志，通过打着时代烙印的文字和影像，努力辨析那一段早已远去的过往。作为城市文化遗产，屹立至今的上海俱乐部建筑是历史的馈赠，也是我们了解和研究上海近代社会与城市建筑最真切的物证——远去的过往也就此鲜活起来……

6. 有些年份在 7 月会再次发行，与 1 月发行的不完全相同，内容有适当增减。

GOOD DAY FOR SHANGHAI RACE CLUB'S MEETING ·
"N.-C.D.N." Photos.

C. Encarnacao bringing in Bright Month to win the 1936 Sub-Griffins Extra Trial Cup, by half a length from Autumnlight and Prince of Jesters, who finished, as can be seen, in a dead heat for second place.

The first race on the S.R.C. 2nd Extra Meeting's programme was the Hunters Steeplechase. A close finish resulted, as can be seen on the right above, Sammy, H. W. Keep up, just winning from White Sphinx. On the left above, the winner is being led in after the race.

图 17　《字林西报》刊登的跑马总会马赛报道
图片来源：North-China Daily News, 1936-03-22.

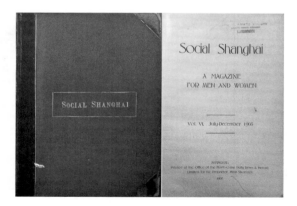

图 18　在上海图书馆藏书楼保存的《上海社会》（Social Shanghai）合订本的封面及内页
图片来源：上海市图书馆藏书楼

The Shanghai Yacht Club

FEW better ways of spending the extremely hot days and evenings of a Shanghai summer than yachting, can well be imagined.

MR. LLOYD'S "ATLANTIC"

It is a very fine and clean sport, and at the same time an invigorating and health-giving pastime, as the yachtsman has little time to think over the troubles of his every-day life. Yachts and yachtsmen keep alive to-day the spirit of the past; the graceful hulls and the spotless canvas of the symmetrical vessels alone remind one of the period when seamanship held the high seas.

In Shanghai, dating as far back as the fifties, although there were no authentic reports recorded, it is known that yachting was indulged in. The crafts in those early days were of the houseboat type, the sail being shaped somewhat like that of the junk seen every day in the Whangpoo. Perhaps the present-day yachtsmen would not deign to sail those clumsy boats of the good old days; however, the boats served their purposes and must have provided good sport.

In the sixties or thereabouts a Club of some standing was organized. Yacht racing from that time onwards took place, and with the introduction of better boats, the Club flourished and grew until 1872, when it was thought desirable, owing to prevailing conditions, to re-organize it. This was carried out under its present constitution.

The boats were then of the house-boat yacht type, with heavy centre boards. They were very large, going up to as much as forty odd tons. Of these, an old yachtsman can only recollect "Wild Dash," "Pinafore," "Thistle," "Charm," "Ariadne," and "Undine." They were rigged with large mainsail and jib.

MR. O. KIRCHNER'S CLARA II (LATE "SPOONDRIFT.")

图 19　《上海社会》（*Social Shanghai*）杂志用长达 6 页的篇幅介绍飘艇总会
图片来源：上海市图书馆藏书楼

附　　　录

A P P E N D I X

参考文献

01. 张震西.上海市行号路图录.上海:福利营业股份有限公司,1947.

02. 常青.大都会从这里开始:上海南京路外滩段研究.上海:同济大学出版社,2005.

03. 吴友如.申江胜景图(下卷).南京:江苏古籍出版社,2003.

04. 钱宗灏.百年回望:上海外滩建筑与景观的历史变迁.上海:上海科学技术出版社,2005.

05. 夏伯铭.上海1908.上海:复旦大学出版社,2011.

06. 熊月之,马学强,晏可佳.上海的外国人(1842—1949).上海:上海古籍出版社,2003.

07. 伍江.上海百年建筑史(1840—1949).上海:同济大学出版社,2008.

08. 上海图书馆.老上海(1~5卷).上海:上海文化出版社,2010.

09. 徐雪筠.上海近代社会经济发展概况1882—1931《海关十年报告》.上海:上海社会科学院出版社,1985.

10. 卢卡·彭切里尼,尤利娅·切伊迪.邬达克.华霞虹,乔争月,译.上海:同济大学出版社,2013.

11. 史梅定.上海租界志.上海:上海社会科学院出版社,2001.

12. 徐公肃,等.民国丛书(第四编·24).上海:上海书店,1992.

13. 蒯世勋.上海公共租界史稿.上海:上海人民出版社,1980.

14. 姚丽旋.美好城市的百年变迁:明信片上看上海.上海:上海大学出版社,2010.

15. 张仲礼.近代上海城市研究(1840—1949).上海:上海文艺出版社,2008.

16. 楼嘉军.上海城市娱乐研究(1930—1939).上海:文汇出版社,2008.

17. 万勇.近代上海都市之心.上海:上海人民出版社,2014.

18. 王维江,吕树.另眼相看:晚清德语文献中的上海.上海:上海辞书出版社,2009.

19. 马军.舞厅·市政:上海百年娱乐生活的一页.上海:上海辞书出版社,2010.

20. 罗苏文.近代上海都市社会与生活.北京:中华书局,2006.

21. 熊月之.异质文化交织下的上海都市生活.上海:上海辞书出版社,2008.

22. 郑时龄.上海近代建筑风格.上海:上海教育出版社,1999.

23. 高福进."洋娱乐"的流入:近代上海的文化娱乐业.上海:上海人民出版社,2003.

24. 熊月之,吴辰.上海的外国文化地图系列丛书.上海:上海锦绣文章出版社,2010.

25. 薛理勇.老上海万国总会.上海:上海书店出版社,2014.

26. 郑祖安.百年上海城.上海:学林出版社,1999.

27. 忻平.从上海发现历史:现代化进程中的上海人及其社会生活(1927—1937).上海:上海人民出版社,1996.

28. 潘光.犹太人在上海.上海:上海画报出版社,2005.

29. 潘光,王健.一个半世纪以来的上海犹太人:犹太民族史上的东方一页.北京:社会科学文献出版社,2002.

30. 陈祖恩.上海日侨社会生活史(1868—1945).上海:上海辞书出版社,2009.

31. 汪之成.近代上海俄国侨民生活.上海:上海辞书出版社,2008.

32. 汪之成.上海俄侨史.上海:上海三联书店,1993.

33. 《邬达克的家》编委会.邬达克的家:番禺路129号的前世今生.上海:上海远东出版社,2015.

34. 史梅定.追忆:近代上海图史.上海:上海古籍出版社,1996.

35. 张伟令.我们的校园.北京:中国戏剧出版社,2014.

36. 王铁崖.中外旧约章汇编(第一册).北京:生活·读书·新知三联书店,1982.

37. 乐正.近代上海人社会心态(1860—1910).上海:上海人民出版社,1991.

38. 邹依仁.旧上海人口变迁的研究.上海:上海人民出版社,1980.

39. 居伊·布罗索莱.上海的法国人(1849—1949).牟振宇,译.上海:上海辞书出版社,2014.

40. 马学强,曹胜梅.上海的法国文化地图.上海:上海锦绣文章出版社,2010.

41. 罗伯特·毕可思.帝国造就了我:一个英国人在旧上海的往事.杭州:浙江大学出版社,2012.

42. 熊月之.上海通史(第八卷).上海:上海人民出版社,1999.

43. 约翰·本杰明·鲍惠尔.在中国二十五年.尹雪曼,李宇晖,雷颐,译.合肥:黄山书社,2008.

44. 白吉尔.上海史:走向现代之路.王菊,赵念国,译.上海:上海社会科学院出版社,2005.

45. 《上海通社》上海研究资料.上海:上海书店,1984.

46. 《上海园林志》编纂委员会.上海园林志.上海:上海社会科学院出版社,2000.

47. 金胜潮.行史掠影.上海:中国银行上海市分行,2002.

48. 何振模.上海的美国人:社区形成与对革命的反应(1919—1928).张笑川,张生,唐艳香,译.上海:上海辞书出版社,2014.

49. 葛元煦.沪游杂记.郑祖安,标点.上海:上海书店出版社,2009.

50. 王韬.瀛壖杂志.上海:上海古籍出版社,1989.

51. 王健. 上海的犹太文化地图. 上海：上海锦绣文章出版社，2010.

52. 汪之成. 俄侨音乐家在上海（1920s—1940s）. 上海：上海音乐学院出版社，2007.

53. 杨文渊. 上海公路史（第一册）：近代公路. 北京：人民交通出版社，1989.

54. 石磊，楚焰辉. 老上海侨民生活. 上海：中国福利会出版社，2004.

55. 梅朋，傅立德. 上海法租界史. 倪静兰，译. 上海：上海社会科学院出版社，2007.

56. Encyclopædia Britannica, Inc. The New Encyclopædia Britannica. International Copyright Union. 1980.

57. Peter Clark. British Clubs and Societies 1580–1800: The Origins of an Associational World. Oxford: Clarendon Press, 2000.

58. Robert Bickers, Christian Henriot. New Frontiers-Imperialism's New Communities in East Asia 1842—1953. United Kingdom: Manchester University Press, 2000.

59. W. A. Adams. American Club. Shanghai: Kelly and Walsh, Ltd., 1921.

60. Tess Johnston , Deke Erh. French Town Shanghai. Old China Hand Press, 2000.

61. James M. Mayo. The American Country Club: Its Origins and Development. New Brunswick: Rutgers University Press, 1998.

62. Greg Leck. Captives of Empire: The Japanese Interment of Allied Civilians in China 1941—1945. Pennsylvania: Shandy Press, 2006.

63. Stella Dong. Shanghai 1842—1942: The Rise and Fall of a Decadent City. Harper Perennial, 2001.

64. Patricia Luce Chapman. Tea on the Great Wall: An American Girl in War-Torn China. Earnshaw Books Limited, 2016.

65. 王方. 外滩原英领馆街区及其建筑的时空变迁研究（1843—1937）. 同济大学博士论文，2007.

66. 陈琍. 近代上海城乡景观变迁（1843—1863）. 复旦大学博士学位论文，2010.

67. 卢永毅. 建筑 - 地域主义与身份认同的历史景观. 同济大学学报，2008(19).

68. 刘亦师. 从外廊式建筑看中国近代建筑史研究（1993—2009）. 中国近代建筑史研讨会论文集，2010.

69. 伍江. 旧上海外籍建筑师. 时代建筑，1995(4).

70. 牟振宇. 近代上海法租界城市空间的扩展. 城市规划学刊，2008(174).

71. 军军，白华山. 两界三方管理下的上海舞厅业：以 1927 至 1943 年为主要时段的考察. 社会科学，2007(8).

72. 张鹏. 公私领域、华洋竞争与上海外滩空间变迁. 同济大学学报，2009(20).

73. 鲁道夫·G. 瓦格纳. 进入全球想象图景： 上海的《点石斋画报》. 中国学术， 2001(8).

74. 钱宗灏. 上海的近代德国建筑. 同济大学学报， 1992(5).

75. 钱宗灏. 上海开埠初期的城市化（1843—1862）. 同济大学学报，2013(24).

76. 叶凯蒂. 从十九世纪上海地图看对城市未来定义的争夺战 // 刘东. 中国学术. 北京：商务印书馆， 2003.

77. 张和声. 孤傲的上海人：上海英侨生活一瞥. 史林，2004(6).

78. 杨天亮. 霍格兄弟三建跑马厅. 档案与史学，1998(2).

79. 苏智良，江文君. 法国文化空间与上海现代性：以法国公园为例. 史林，2010(4).

80. 宿新宝. 上海科学会堂保护工程设计思考. 建筑学报，2014(2).

81. 黄晔，戚广平. 历史建筑保护与更新设计过程中的技术策略研究：以原法国总会网球俱乐部改造设计为例. 华中建筑， 2013(12).

82. 吴志伟. 老上海的划船运动. 检察风云，2014(11).

83. 吴志伟. 一战（第一次世界大战）时期旅沪德侨的租界遭遇. 档案春秋， 2012(10).

84. 包中. 上海瑞士总会 // 上海市历史博物馆. 都会遗综. 第十五辑. 上海：学林出版社，2014.

85. 陈正书. 租界与近代上海经济结构的变化. 史林， 1988(4).

86. 沈万. 日本人俱乐部 // 上海历史博物馆. 都会遗踪：第一辑. 上海：学林出版社，2011.

87. 郑祖安. 旧上海一个海关高级职员的闲暇生活. 档案春秋， 2008(10).

88. 刘丰详. 民国时期上海人的休闲生活：以 1927—1937 年申报广告为中心的考察. 齐鲁学刊，2007.

89. 祖晶，罗时铭. 西方商业对近代上海体育发展的影响. 体育文化导刊，2011(10).

90. 吴承联. 旧上海茶馆酒楼. 上海：华东师范大学出版社， 1989.

91. 宿新宝. 上海科学会堂保护工程设计思考. 建筑学报，2014(2).

92. 何亚平. 建国以来上海外国人口变迁与人口国际化研究. 社会科学，2009(9).

93. 郑宁. 非遗与物遗的对话. 建筑学报，2015(7).

94. 吴桂龙. 论晚清上海外侨人口的变迁. 史林，1998(4).

95. 刘嘉农. 古堡今生. 外滩，2013(10).

96. 中国银行上海市分行. 百年春秋. 出版社不详，2002.

分层轴测图图片来源

P060-061 图① http://www.virtualshanghai.net/Data/Buildings?ID=288.

图② 上海图书馆 . 老上海：外侨辨踪卷 . 上海：上海文化出版社 , 1998.

图③ North-China Daily News, 1931-10-04.

图④ 作者拍摄

P066-067 图① 上海图书馆 . 老上海：外侨辨踪卷 . 上海：上海文化出版社 , 1998.

图② 郑宁 . 非遗与物遗的对话 . 建筑学报 , 2015(7).

图③ 同上

P088-089 图① North-China Daily News, 1932-06-12.

图② 钱宗灏 . 百年回望：上海外滩建筑与景观的历史变迁 . 上海：上海科学技术出版社 , 2005.

图③ 石磊 , 楚焰辉 . 老上海侨民生活 . 上海：中国福利会出版社 , 2004.

图④ 上海图书馆 . 老上海：外侨辨踪卷 . 上海：上海文化出版社 , 1998.

图 ⑤ https://mp.weixin.qq.com/s?__biz=MzAxNzU5NTAzNA==&mid=2651003455&idx=1&sn=60b a4dc3727fd3f64f29d7d86289a77e&chksm=801495cab7631cdc693e5ea79c089db950d76a3a778 3c054629ae0083036375e297fe55e0375&mpshare=1&scene=1&srcid=1201Gl9QRkVHaVtoGzSyFFzN &sharer_sharetime=1575210005812&sharer_shareid=2c1a653cee4bb69af5fd3c18ee920086&key=c ac57bc3d24580e5c63aaeab72a24f8bfc4846756581eb48a454d64f2cc5c24153f7bdd20a0cd74b2d3f0 203a608c1afa91e8c538d06f9b1ab37777e0da8f8e9e0a6a81ebaddfd6c8e9c323f0c9a118b&ascene= 1&uin=ODUzODU1OTlx&devicetype=Windows+10&version=62070158&lang=zh_CN&pass_ticket=W7 gyTpU2JDSeiRb0UdjYORQ7Fat0dNchKigDhth6d%2FQrDrJTS%2FRnV1N5I224FLul.

图⑥ 网络，出处不详

P098-099 图① The North-China Sunday News Magazine Supplement, 1930-03-09.

图② North-China Daily News, 1925-04-01.

图③ 同上

图④ 卢卡 · 彭切里尼 , 尤利娅 · 切伊迪 . 邬达克 . 华霞虹 , 乔争月 , 译 . 上海：同济大学出版社 , 2013.

图⑤ 上海市城市建设档案馆门厅展示板

图⑥ 卢卡 · 彭切里尼 , 尤利娅 · 切伊迪 . 邬达克 . 华霞虹 , 乔争月 , 译 . 上海：同济大学出版社 , 2013.

图⑦ 作者拍摄

P106-107 图① North-China Daily News, 1946-11-19.

图② 夏伯铭 . 上海1908. 上海：复旦大学出版社 , 2011.

图③ 王方 . 外滩原英领馆街区及其建筑的时空变迁研究（1843—1937）. 同济大学博士学位论文 . 2007.

图④ Social Shanghai, 1908(6).

P120-121 图① The North-China Herald and Supreme Court & Consular Gazette, 1935-04-03.

图② 上海图书馆 . 老上海：体坛回眸卷 . 上海：上海文化出版社 , 1998.

图③ North-China Daily News, 1946-11-19.

图④ 上海图书馆 . 老上海：外侨辨踪卷 . 上海：上海文化出版社 , 1998.

P156-157 图① 上海图书馆 . 老上海：外侨辨踪卷 . 上海：上海文化出版社 , 1998.

图② https://mp.weixin.qq.com/s?__biz=Mzl3MjU1NjU0MQ==&mid=2247483986&idx=1&sn=095a def7905438b7ba03093df91326b8&chksm=eb318ac0dc4603d6f5a9cc661f565ea29f0301116897 72cd3e2e594140e3677929315f0b2df4&mpshare=1&scene=1&srcid=12013V3emfzezhfrO0KXaK1 M&sharer_sharetime=1575209696724&sharer_shareid=2c1a653cee4bb69af5fd3c18ee920086&k ey=c887fe8661554206ef99b55a17fddb9dbdbd9e367c7bf4665621006b2a0c126c640a52ab13c63c bec402fa75cb4e3351756140208453395e0e73850186dac1fa6af66ee855d7d145f0d77702a1b28d26&a scene=1&uin=ODUzODU1OTlx&devicetype=Windows+10&version=62070158&lang=zh_CN&pass_tick et=W7gyTpU2JDSeiRb0UdjYORQ7Fat0dNchKigDhth6d%2FQrDrJTS%2FRnV1N5I224FLul .

图③ 同上

图④ North-China Daily News, 1933-08-20.

图⑤ 同②

图⑥ North-China Daily News, 1935-08-18.

P172-173 图④ 上海图书馆 . 老上海：外侨辨踪卷 . 上海：上海文化出版社 , 1998.

其他图 Tess Johnston, Deke Erh. French Town Shanghai. Old China Hand Press, 2000.

P178-179 图① https://www.virtualshanghai.net/Photos/Images?ID=1170.

现存近代上海外侨俱乐部建筑位置分布图

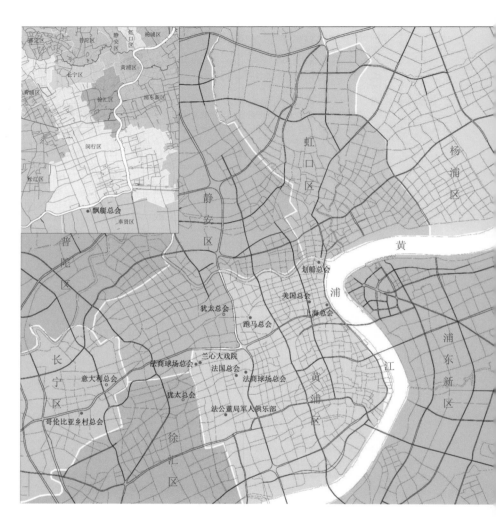

图注:
● 自建俱乐部建筑
◦ 买入或租借作为俱乐部建筑
图片来源:余诗菁绘制

名称	英文名称	建成时间	性质	地址	内容检索
上海总会	Shanghai Club	1911 年	上海第一批"优秀历史建筑"	中山东一路 2 号	P080
跑马总会	Shanghai Race Club	1933 年	上海第一批"优秀历史建筑"	南京西路 325 号	P115
法商球场总会	Cercle Sportif Français	1914 年	上海第二批"优秀历史建筑"	南昌路 47 号	P049
犹太总会	Shanghai Jewish Club	20 世纪 10 年代	上海第二批"优秀历史建筑"	南京西路 722 号	P141
美国总会	American Club	1925 年	上海第二批"优秀历史建筑"	福州路 209 号	P092
法商球场总会	Cercle Sportif Français	1926 年	上海第二批"优秀历史建筑"	茂名南路 58 号	P166
意大利总会	Circolo Italiano	20 世纪 20 年代	上海第二批"优秀历史建筑"	延安西路 238 号	P137
兰心大戏院	Lyceum Theater	1931 年	上海第二批"优秀历史建筑"	茂名南路 57 号	P057
哥伦比亚乡村总会	Columbia Country Club	1924 年	上海第三批"优秀历史建筑"	延安西路 1262 号	P149
犹太总会	Shanghai Jewish Club	20 世纪 20 年代	上海第四批"优秀历史建筑"	汾阳路 20 号	P141
法国总会	Cercle Français	1932 年	上海第四批"优秀历史建筑"	南昌路 57 号	P166
法公董局军人俱乐部	Cercle De La Police Foyer Du Marin & Du Soldat	1935 年	上海第四批"优秀历史建筑"	绍兴路 9 号	P062
飘艇总会	Shanghai Yacht Club	1934 年	奉贤区文物保护单位（2007）	奉贤区庄行镇邬桥社区浦秀村四组	P126
划船总会	Shanghai Rowing Club	1905 年	2010 年按原样修复局部，性质及使用功能不详	南苏州路 76 号	P101

后记 POSTSCRIPT

历史研究是一件艰辛却饶有趣味的事情，能够沉浸其中是我人生中一次难得的体验。通过不断地在历史资料中搜寻、梳理、对比、考证、甄别、纠错，近代上海外侨俱乐部建筑的历史面貌逐渐清晰。在漫长的研究过程中，既有迷茫与挫折，也有收获与喜悦，特别是当发现历史错误和纰漏，能够运用已掌握的充足史料去伪存真并加以佐证时，激动之情无以言表。

本书是在我博士毕业论文的基础上经过了近一年时间的删减、修改、另行补充才得以完成的。与博士论文架构不同的是，本书侧重于对历史真实性的还原与重新解读。为了加深广大读者阅读过程中的理解与认知，在详细绘制了 11 座现存外侨俱乐部建筑轴测图的基础上，甄选珍贵的历史照片与项目设计图纸在书中同时呈现，从而建立起读者在历史场景、文字阐释与实体的建筑形体、空间之间更有效的关联。

在本书整理与写作的过程中，我得到了众多师长、朋友的指导、关爱和帮助，也得到了自己学生的全力帮助，在这里一一表示感谢。

首先，感谢我的博士生导师卢永毅教授。她严谨务实的学术风范、尽职尽责的工作态度、正直善良的处事为人，以及美丽知性的学者形象都是我一生学习的楷模。和恩师每一次深入的讨论都让我受益良多，她的言传身教是我职业生涯中的宝贵财富。

其次，感谢在研究和写作期间为我提出宝贵意见的钱宗灏教授、郑祖安教授。让我感动的是，两位教授多次面对面地为我指点迷津，在学术上给予我极大的启发与帮助。另外，我要感谢上海城市建设档案馆的常主任、上海生物制品研究所工程部的梁女士、中国银行上海分行博物馆的胡老师、上海戏剧学院基建处的范主任、上海社会科学院的王健老师，以及未曾谋面的美国历史学家格雷格·莱克（Greg Leck）在相关研究工作中给予的无私帮助。

特别要感谢我的挚友——同济大学出版社的编辑武蔚老师在本书写作与修改期间给予的倾情帮助。本书保质保量地顺利出版有赖于她的严格把关和辛勤付出。

此外，感谢我在上海大学的同事毛坚韧、谢建军、王海松三位老师在本书写作与修改期间给予的帮助。感谢我的学生余诗菁、谭正、管乐、蒋珊珊、梁丹、吴津峰、饶津瑜、潘美辰、黄颖熙、潘嘉晟、关以晴、毕恒、韦海燕等同学，正是他们在建筑测绘与建模工作中的全力帮助，书中的许多配图才得以完成。他们中的许多人已经或者即将走上工作岗位，借此，祝愿他们一帆风顺！事业有成！

最后，感谢我的父母以及我的先生乔锋和儿子熠凡，他们对我的理解与支持、尊重与爱恋永远都是我前行的动力！

2019 年 12 月 25 日于上海家中

图书在版编目（ＣＩＰ）数据

铅华洗尽后的真相 ：近代上海外侨俱乐部建筑 / 李
玲著 . -- 上海 ：同济大学出版社，2019.12
　（建筑故事）
　ISBN 978-7-5608-8890-3

Ⅰ . ①铅… Ⅱ . ①李… Ⅲ . ①俱乐部－文化建筑－介
绍－上海－近代 Ⅳ . ① TU242.4

中国版本图书馆 CIP 数据核字 (2019) 第 277238 号

铅华洗尽后的真相：近代上海外侨俱乐部建筑
THE TRUTH AFTER WASHING COSMETICS：A History of Modern Shanghai Club Buildings

【著】 李 玲

责任编辑	武 蔚	
责任校对	徐春莲	
装帧设计	张 微　邓李平	
封面设计	余诗菁	
出版发行	同济大学出版社 http://www.tongjipress.com.cn	
	（地址：上海市四平路 1239 号 邮编：200092 电话：021-65985622）	
经　　销	全国各地新华书店，建筑书店，网络书店	
印　　刷	上海安枫印务有限公司	
开　　本	889mm×1194mm　1/32	
印　　张	6.75	
字　　数	181 000	
版　　次	2019 年 12 月第 1 版　2019 年 12 月第 1 次印刷	
书　　号	ISBN 978-7-5608-8890-3	
定　　价	58.00 元	